AF567732

JULIA NUMSSEN

Coaching Schritt für Schritt

WELPEN-TRAINING
für Jagdhunde

Das 24-Wochen-Ausbildungsprogramm

BLV

Was Sie in diesem Buch finden

Erklärung der Piktogramme

 Züchter

 Welpenschule

 Am Wasser

 Allgemeiner Umgang zu Hause

Nehmen Sie sich Zeit

Welpenerziehung ist ein Fulltimejob

Ein Hund ist kein Fahrrad. Auch wenn viele Menschen dies zu glauben scheinen nach dem Motto: Der Hund soll funktionieren, wenn man ihn braucht, und sonst möglichst wenig Arbeit machen. Diese Rechnung geht nicht auf. Wer sich einen Welpen zulegt, muss sich im Klaren darüber sein, dass die ersten Wochen ein Fulltimejob in Bezug auf Betreuung und Welpenerziehung sind. Die Zeit danach ist zumindest immer noch halbtagsjobverdächtig, machen wir uns nichts vor!

Doch bevor Sie sich einen Welpen ins Haus holen, müssen Sie sich darüber bewusst werden, welcher Hund zu Ihrer familiären Situation, zu Ihren Lebensumständen in Bezug auf Ihren Beruf, Ihren eigenen (Jagd-)Gewohnheiten und Ihrem Revier überhaupt passt. Damit Sie sich einen besseren Überblick über die in Deutschland gebräuchlichsten Jagdhunderassen verschaffen können, gibt im ersten Kapitel eine Tabelle darüber Aufschluss, welcher Hund für die jeweiligen Ansprüche geeignet sein müsste.

Von Welpenbeinen an lernt Charly, Julia die Beute zu bringen – in diesem Fall trägt er ihr das Apportel aus dem Wasser zu.

Ist die Entscheidung getroffen und bald darauf der Welpe im Haus, gilt es, die Weichen in Bezug auf das Welpen-Einmaleins zu stellen. Doch was genau muss der Neuankömmling eigentlich möglichst früh lernen? Und was ist, zuerst einmal, zu vernachlässigen? Wie meistert man die ersten Tage, in denen der Welpe von Hündin und Geschwistern getrennt ist? Warum sollte auch ein Teckel apportieren können? Und wie schaffe ich es, dass nicht ich dem Welpen, sondern er mir hinterherläuft?

Nach der Fichtlmeier-Methode

Antworten auf diese Fragen gibt es viele. Hundeausbildungsbücher und Leitfäden gibt es wie Nägel am Hochsitz, darunter leider auch ein paar »rostige«.

Anton und Gila Fichtlmeier haben in Bezug auf die Jagdhundeausbildung vor einigen Jahren völlig neue Ansätze aufgezeigt. Ihre Veröffentlichungen in der Jagdfachpresse, ihre Bücher und ihre Videos haben in der Jägerschaft und bei vielen Hundeführern für einen Ruck gesorgt. Vieles, was in der Hundeausbildung etabliert schien, wurde plötzlich infrage gestellt. Natürlich ist das unbequem, und es liegt schlussendlich an jedem Hundeführer selbst, wie und nach welcher Methode er mit seinem Welpen die Ausbildung händelt oder ob man sich seine persönliche Mischung aus mehreren »Theorien« selbst zusammenstellt.

Im Laufe der Jahre habe ich meine drei Hunde, zwei Glatthaar-Foxterrier und einen Jagdspaniel, frei nach der Fichtlmeier-Methode ausgebildet und vielen Hundeführern mit Rat und Tat zur Seite gestanden – das Ergebnis: Hunde, die auf den Menschen fixiert sind, Hunde, die für ihr Leben gern apportieren, Hunde, die in der Familie »angekommen« sind, und Hunde, die auf der Jagd durch Leistung und Teamwork beeindrucken.

Am Beispiel unseres Jagdspaniels Benti vom Hexlein, kurz Charly, werden Erziehung und Ausbildung chronologisch dokumentiert. Inzwischen ist Charly zu einem zuverlässigen Jagdbegleiter herangewachsen, der mehrere Prüfungen mit Bravour abgelegt hat und zur freien Suche, zum Apport, zur Niederwild- und Hochwildjagd und zur Totsuche geschnallt wird.

Das KISS-Prinzip

Doch zurück zur Fichtlmeier-Methode, die die Kommunikation zwischen Hund und Hundeführer in den Mittelpunkt rückt – basierend auf der Binärsprache (»Ja« und »Nein«) – und einfache, extrem gut nachvollziehbare Handzeichen. Alle Signale, die der Welpe im Laufe der Zeit bei Ihnen zu Hause und im Revier kennenlernt, folgen dem sogenannten KISS-Prinzip, bezogen auf das englischsprachige Motto »**k**eep **i**t **s**imple and **s**tupid«, frei übersetzt: Halte es einfach und beschränkt. Oder: Je einfacher und klarer, umso besser. Natürlich sollten Sie die jeweiligen Ausbildungsschritte dem Entwicklungsstand Ihres Welpen entsprechend anpassen, ein Gespür dafür entwickeln, wie und wann Sie Ihren Schützling fördern und fordern können.

Jeden Tag nutzen

Sobald Ihr Welpe unter Ihrer Obhut steht, legen Sie gleich am ersten Tag los, denn Ihr Schützling ist sehr lernfreudig und auf Sie fixiert. Achten Sie jedoch immer darauf, dass er genügend Ruhepausen und sehr viel Körperkontakt bekommt. Das ist besonders für die ersten Wochen extrem wichtig. Denken Sie daran, ihm außerdem sanft und konsequent Regeln und Grenzen zu vermitteln.

Nehmen Sie sich dafür Zeit und überstürzen Sie nichts. Jeder Hund ist anders! Versuchen Sie, Ihren Welpen zu lesen, lassen Sie ihn denken (lernen) und denken Sie gleichzeitig für ihn mit, denn – wie eingangs geschrieben: Ein Hund ist kein Fahrrad!

Viel Freude mit Ihrem Welpen

Julia Numßen

Der inzwischen ausgewachsene Spaniel kommt auf einer Treibjagd in Bayern zum Einsatz und apportiert brav den Eichelhäher.

Den passenden Hund finden

Ein Welpe soll ins Haus. Deutsch-Drahthaar, Dackel, Foxterrier, Weimaraner, Schweißhund oder Labrador-Retriever-Mix? Oder doch eine ganz andere Rasse? Verschaffen Sie sich zuerst einen Überblick über die verschiedenen Jagdhunderassen. Haben Sie dann Ihre Entscheidung getroffen, sollten Sie beim Züchter unbedingt Ihr Mitspracherecht in Bezug auf die Frühprägung Ihres Welpen nutzen.

Rund 40 Jagdgebrauchshunderassen in Deutschland

Laut FCI (Fédération Cynologique Internationale) gibt es inzwischen über 390 verschiedene anerkannte Hunderassen weltweit. Davon werden in Deutschland rund 40 Rassen den sogenannten wichtigsten Jagdgebrauchshunden zugeordnet. Doch was können unsere Jagdhunde tatsächlich leisten?

Will man die Charakteristika der in Deutschland hauptsächlich geführten Jagdhundrassen aufführen, ist das ein schwieriges Unterfangen. Trotz alledem kann man auf allgemeine Tendenzen innerhalb der Jagdhundrasse hinweisen, die in der nachfolgenden Tabelle festgehalten sind. Übrigens: Hier sind nicht nur vom Jagdgebrauchshundverband (JGHV) anerkannte Hunde zu finden, auch Laikas und Westfalenterrier – um nur zwei Beispiele zu nennen – haben inzwischen in unseren Revieren ihre Nischen gefunden und sich somit zu Recht einen Platz in dieser Übersicht erobert. Trotzdem hat die Tabelle keinen Anspruch auf Vollständigkeit, allein die Vielzahl an Mischlingen würde unzählige Seiten mehr verschlingen.

Ein Jagdhund muss sich auch in die Familie fügen können. Das ist aber in diesem Fall kein Freifahrtschein für die kleine Franziska, Foxl Emma zu ärgern! Deshalb wird Franzi gleich zurück in den Laufstall gesetzt.

Jagd und Familie

Überdenken Sie bei der Wahl Ihres Jagdhundwelpen, für welchen Einsatz er hauptsächlich benötigt wird und welche Anforderungen ihn in Ihrem Revier erwarten. Seien Sie ehrlich mit sich, wenn es darum geht abzuschätzen, wie oft in der Woche Ihr Hund jagdlich zum Einsatz kommen soll. Die meisten unserer Hunde werden heutzutage nicht nur ausschließlich für die Jagd eingesetzt, sondern sollen sich auch in der Familie wohlfühlen – deshalb wurde dem Punkt »Familie mit Kindern« in der nachfolgenden Tabelle eine separate Spalte eingeräumt.

Rüde oder Hündin?

Natürlich ist ebenfalls mit ausschlaggebend, ob Sie sich dann für einen Rüden oder eine Hündin entscheiden. Rüden sind meistens griffiger und kompromissloser am Wild und aufgrund der massiveren Bauweise in Bezug auf Kondition und Schnelligkeit den Hündinnen eine Nasenlänge voraus. Auch der Apport von schwerem Raubwild, beispielsweise einem starken Winterfuchs, fällt einem Deutsch-Langhaar-Rüden aufgrund seiner physischen Beschaffenheit leichter als einer Hündin. Sofern ein Rüde sehr griffig ist und Kinder im Haus sind, muss man sich jedoch mit dem Gedanken anfreunden, den Hund eventuell kastrieren zu lassen. Erst recht, wenn er bevorzugt andere Rüden annimmt und sich zu einem Raufer entwickelt. Übrigens ebenfalls ein Grund, warum mancher Jäger keinen Rüden haben möchte – sein Rüde wäre dann eventuell ein potenzielles Opfer solcher Raufbolde.

Mit Vorsicht zu genießen

Hündinnen gelten im Allgemeinen als leichtführiger. Die Hündin bringt allerdings, sofern man sie nicht kastrieren lässt, einen Nachteil mit sich: die Läufigkeit. Verantwortungsbewusste Hundeführer lassen die Hündin dann zu Hause. Erst recht, wenn es zur Gesellschaftsjagd beispielsweise auf Hasen, Enten oder Sauen gehen soll. Sobald andere Rüden mit von der Partie sind, muss die läufige Hündin eine Auszeit nehmen. Da mit der Hitze, die ja gut 20 Tage andauert, mindestens zweimal im Jahr zu rechnen ist, bedeutet das unter dem Strich: 40 Tage im Jahr eingeschränktes Jagen. Ein weiterer Aspekt, der in Betracht gezogen werden muss: die Scheinschwangerschaft. Die Hündin verhält sich in dieser Phase seltsam und ist ebenfalls nur eingeschränkt für die Jagd zu gebrauchen.

Auf den Rüden bleibt mancher Züchter sitzen

Weiter gilt zu bedenken, dass sich streitbare Hündinnen untereinander manchmal bis zum Äußersten beißen. Hier sind sie sogar teilweise unerbittlicher in Konsequenz und Vehemenz als die Rüden. Daher ist es doch eigentlich immer noch erstaunlich, dass bei der Welpenwahl weiterhin gilt: Hündin bevorzugt.

Viele Züchter bekommen daher immer tiefe Sorgenfalten, wenn ihre Zuchthündin »nur« männliche Nachkommen wirft, denn dann laufen sie Gefahr, auf den kleinen Rüden sitzen zu bleiben – meiner Meinung nach zu Unrecht. Bleibt man bei der Ausbildung konsequent, ist es unerheblich, ob man einen Rüden oder eine Hündin führt.

Eine Frage der Definition

Kastration: Entfernung der Hoden (Rüde) und Eierstöcke (Hündin). Der Hund wird durch die Operation hormonell neutralisiert, ist unfruchtbar, kann sich nicht weiter fortpflanzen. Rüden verlieren meist ihr Interesse an läufigen Hündinnen. Kastrierte Hündinnen werden nicht mehr läufig.

Sterilisation: Hoden beziehungsweise Eierstöcke werden durchtrennt, »hormonell« bleiben solche behandelten Hunde aktiv, sind aber unfruchtbar. Die Hündin wird trotzdem läufig und der Rüde behält sein Interesse an läufigen Hündinnen.

Kupieren – nein danke!

Mitte des 18. Jahrhunderts wurde die Hundesteuer eingeführt, um der vielen Streuner Herr zu werden. Sogenannte Arbeitshunde wurden von der Steuer befreit, und damit man sie auf den ersten Blick erkannte, wurden sie kupiert (französisch: couper = abschneiden). Das galt auch für Jagdhunde.

Nach über 160 Jahren ist das Kupieren in der deutschen Jagdhundeszene zur Selbstverständlichkeit geworden. Wenn man hier kritisch über Sinn und Unsinn diskutiert, wird es meist sehr emotional. Sicher spielt hierbei in Deutschland das »Privileg« eine Rolle, dass eben nur Welpen aus jagdlicher Leistungszucht kupiert werden dürfen – und sich dadurch von denen aus der Schönheitszucht unterscheiden. Das Hauptargument lautet jedoch: Man will Verletzungen an der langen Rute vorbeugen, die durch Splitter, Dornen etc. hervorgerufen werden können, wenn der Hund beispielsweise im dichten, dornigen Gelände arbeitet. Zugegeben, bei Hunden mit dünner, kurzbehaarter Rute ist diese Vorsichtsmaßnahme vielleicht sinnvoll. Aber wieso werden dann eigentlich noch Deutsche Wachtel und Jagdspaniel kupiert? Schließlich haben sie doch langes Fell? Es sei daher die Frage erlaubt, ob das Kupieren rein aus prophylaktischen Gründen bei vielen Rassen tatsächlich sinnvoll erscheint – von der jagdlichen Auslastung ganz zu schweigen.

Vorteile der ausgewachsenen Rute

Die Rute gehört zum Hund wie das Schießpulver zur Patrone. Der Hund kann sich viel klarer über die vollständige Rute mitteilen. Sie ist außerdem ein hervorragendes Steuer beim Schwimmen und sorgt zudem mit für Schwung und Antrieb im Wasser. Sie hilft beim Ausbalancieren, wenn der Hund beispielsweise über einen Graben oder Baumstamm springt, eine Kurve schneidet oder ein Wendemanöver einleitet. In einem Jagdhundeforum bin ich auf folgenden Satz gestoßen, den ein Tierarzt gesagt hat: »Wenn der Hund seinen Schwanz nur zum Wedeln bräuchte, wäre er im Laufe der Domestizierung von sich aus kürzer geworden!«

Leider ist das Kupieren von Jagdhunden bei uns in Deutschland, man muss schon fast provozierend sagen, in Mode gekommen. Zukünftige Welpenbesitzer können jedoch die Züchter beeinflussen. Das weiß ich aus eigener Erfahrung. Als ich vor einigen Jahren mit meiner Glatthaar-Foxterrier-Hündin züchten wollte, bat mich einer der zukünftigen Welpenbesitzer, einen Welpen für ihn zurückzuhalten. »Ich nehme aber nur einen Foxl, der nicht kupiert ist!« Als der Wurf lag, beschloss ich bei allen – der kleinen Hündin und ihren drei Brüdern – die Rute »dranzulassen«, obwohl ich eine Genehmigung zum Kupieren vorliegen hatte.

Auf den ersten Blick scheint dem Foxl rechts die unkupierte Rute nur dem Abstützen zu dienen. Wer genauer hinschaut, sieht, dass über die gespannten Ruten kommuniziert wird. Stellen Sie sich jetzt vor, sie wären nur noch als Stummel vorhanden.

Am Ende hat es niemanden der Welpenanwärter interessiert, dass die Foxl ihre Rute in voller Länge behalten haben. Nur eins war offensichtlich: Alle wollten die einzige Hündin haben!

Zusammengefasste Erfahrungen

Zurück zur nachfolgenden Übersicht: Die Vergabe der Sternchen geht auf die persönlichen Erfahrungswerte vieler Züchter und Hundeführer in meinem Umfeld zurück, ist aber trotzdem ohne Gewähr – Ausnahmen bestätigen die Regel.

Sofern »Ihr« zukünftiger Hund mindestens zwei Sterne in einem Aufgabengebiet verbucht, kann man ihn dort nach entsprechender Ausbildung einsetzen. Es ist jedoch nicht ratsam, nach der eierlegenden Wollmilchsau unter den Hunden Ausschau zu halten – soll heißen: Ein Hund, der für viele Aufgaben eingesetzt wird, ist unter Umständen in allen Bereichen eher durchschnittlich als eine Granate. Natürlich kommt es ebenfalls vor, dass der eine oder andere Hund auch andere Aufgaben erledigen kann, obwohl sie ihm rassebedingt eher weniger zusagen. In jedem Hund stecken eben Überraschungen.

Von einem Aspekt sollten Sie sich jedoch bei Ihrem Welpen nicht überraschen lassen – vererbbare Krankheiten. Bitte erkundigen Sie sich daher im Vorfeld ausführlich über die jeweilige Rasse, mit der Sie liebäugeln.

Die deutschen Vorstehhunderassen werden inzwischen überall eingesetzt – ob hier auf dem Entenstrich, der Drückjagd auf Sauen oder zur Nachsuche. Die klassische Niederwildjagd rückt immer stärker in den Hintergrund.

Machen Sie sich ein Bild

Wenn Sie sich dann für Hund und Zwinger entschieden haben, sollten Sie den Züchter aufsuchen, bevor die Welpen gewölft sind, und sich einen Eindruck von den Gegebenheiten und der Mutterhündin verschaffen. Wenn Sie Bedenken haben, achten Sie auf

Ihr Bauchgefühl und haben Sie die Chuzpe, dem Züchter abzusagen. Wenn Ihnen jedoch Mensch, Hund und Umgebung zusagen, Sie den Züchter sympathisch finden – und umgekehrt –, sollten Sie bei diesem Vorabtreffen schon Wünsche äußern in Bezug darauf, ob Sie gern eine Hündin oder einen Rüden aus dem Wurf haben möchten.

Mitspracherecht nutzen

Auch was die Frühprägung betrifft, haben Sie als zukünftiger Welpenbesitzer ein gewisses Mitspracherecht. Selbstverständlich ist auch der verantwortungsbewusste Züchter daran interessiert, seinem Schützling den Übergang von der Mutterhündin zum neuen Besitzer so einfach wie möglich zu gestalten und sich daher auf Sie einzustellen.

Nur unter Aufsicht dürfen die Spanielwelpen die Schwarte zauseln. Nach ein paar Minuten wird sie wieder abgeräumt.

Äußern Sie deshalb so früh wie möglich Ihre Wünsche – besser, als sich hinterher anhören zu müssen: »Na, das hätten Sie auch früher sagen können, wäre ja kein Problem für uns gewesen, darauf zu achten!«

7-Punkte-Programm für den Züchter

Sicher ist das eine oder andere selbstverständlich für den Züchter, wie beispielsweise das Schmusen und Abliebeln der Welpen. Aber vielleicht ist auch manches Neuland – umso besser, wenn Sie es angesprochen und Klarheit geschaffen haben.

Folgende Punkte sollte der Züchter in den ersten acht Wochen daher zusätzlich zum »Normal-Programm« beherzigen:

- **Während die Welpen von der Hündin gesäugt beziehungsweise später dazu gefüttert werden, leise pfeifen.**

Das Pfeifen wird positiv von den Welpen aufgenommen, weil sie just in dem Moment Futter bekommen. Der Züchter kann auch abwechselnd zum Pfeifen das fröhliche, mit höherer Stimmlage gesprochene »Honolulu« sagen oder einfach kurz hintereinander mit der Zunge schnalzen. Alle drei »Lautäußerungen« verbindet der Welpe mit Futter – die Basis für das spätere, freudige Kommen auf Pfiff, auf das Schnalzen mit der Zunge oder den Honolulu-Ruf. Warum »Honolulu«? Ganz einfach, »Honolulu!« klingt selbst bei neutraler Tonlage immer noch sehr freundlich und somit positiv. Sie können natürlich auch »Hallihallo« statt »Honolulu« rufen.

- **Gewöhnung der Welpen an das Sich-draußen-Lösen ab der 4. Lebenswoche.**

Die Rasselbande sollte beim Züchter so gehalten werden, dass sie sich nach Verlassen der Wurfkiste zwangsläufig auf Gras lösen kann. Die Kleinen lernen, ihr Geschäft nicht auf Fliesen oder Teppichboden zu verrichten, sondern auf natürlichem Untergrund – der Grundstein für die Stubenreinheit. Sofern es das Wetter zulässt, sollte die Hundekiste im eingezäunten Welpengehege im Garten stehen. Da die Kleinen, je älter sie werden, ihren Schlafplatz sauber halten, werden sie den Gang nach draußen bevorzugen. Perfekt, wenn dann die Hundekiste auf dem Rasen steht.

• Bei Ausflügen mit der Rasselbande in die Hocke gehen und die Welpen mit Futter belohnen, wenn sie angesaust kommen.

Die Welpen lernen schon früh, den Menschen im Auge zu behalten. Was viele vergessen: Nicht der zukünftige Welpenbesitzer soll seinem Hündchen hinterherlaufen – sondern der Hund seinem Besitzer. Umso besser, wenn der Welpe schon beim Züchter lernt, Kontakt zu halten und auf »seinen« Menschen zu achten.

• Gewöhnung an den Kennel*) ab der 6. Lebenswoche, am besten bei Fahrten ins Revier.

Das erleichtert die spätere Abholung des kleinen Rackers – Autogeräusche kennt der Welpe dann bereits, und falls er auf einer längeren Fahrt irgendwann zur Ruhe kommen und schlafen will, wird er den Kennel gern annehmen. Der Kennel spielt eine Schlüsselrolle im Leben des Welpen, dazu in den nachfolgenden Kapiteln mehr.

• Ausflüge durch Feld und Wald, eventuell auch ans Wasser.

Der Welpe lernt gemeinsam mit Hündin und Wurfgeschwistern neue Situationen und andere Umgebungen kennen. Er muss mit dem neuen Umfeld klarkommen, lernen, sich damit auseinanderzusetzen. Das gibt ihm Selbstvertrauen und er wird später mit seinem neuen Zuhause bei Ihnen nicht überfordert.

TIPP

Beim Welpenanschauen überlassen Sie dem Züchter ein T-Shirt oder eine Decke und bitten Sie ihn, es mit in die Wurfkiste zu legen. Holen Sie dann später Ihren Welpen ab, nehmen Sie das T-Shirt wieder mit. Legen Sie es in den Kennel – schläft der Kleine dann auf der Fahrt zu Ihnen in seine neue Heimat ein, wird er sich dort wohlfühlen, weil ihn vertraute Gerüche umgeben.

• Gewöhnung an die Halsung während der Reviergänge.

Manche zukünftige Welpenbesitzer reisen quer durch Deutschland – umso besser, wenn der Welpe bereits vom Züchter sanft an die Halsung gewöhnt wurde. Dann können Sie den Welpen bei einem Zwischenstopp anleinen, falls die Umgebung zu »unübersichtlich« ist. Besser durch die Leine gesichert, als unter die Räder zu kommen!

• Keine Zerrspiele, kein Überlassen von Beute.

Wenn Sie später mit Ihrem Hund im Team jagen wollen, dürfen Sie es nicht zulassen, dass der kleine Racker bereits in der Kinderstube lernt, Beute streitig zu machen und darum zu kämpfen, ob nun mit der Mutterhündin, den Wurfgeschwistern oder – noch schlimmer – mit dem Züchter. Aus diesem Grund sollten die Welpen nur unter Aufsicht und nur für kurze Zeit an Bälgen, Decken oder Schwarten winden dürfen. Sonst lernt die Rasselbande, dass ihnen die Beute gehört, und nutzen die Gelegenheit, sie anzuschneiden oder wegzuschleppen. Deshalb verbietet sich auch von selbst, den Welpen Spielzeug zu überlassen, das sie ankauen, zerbeißen oder verstecken können. Welpen sind keine Kinder, auch wenn sie noch so niedlich sind.

*) aus dem Englischen = Hundehütte

Rasse	Haupteinsatzgebiet	Für Erstlingsführer	Für Familie mit Kind/Kindern	Einfache, kurze Totsuchen auf Schalenwild	Schwierige Nachsuchen auf Schalenwild bis 30 Kilogramm mit Stellen, Halten, Binden
ERD- BZW. KLEINE STÖBERHUNDE					
Borderterrier	Bodenjagd auf Raubwild in Kunst- und Naturbauen; Drück- bzw. Bewegungsjagden auf Reh-, Schwarz- und Rotwild	***	***	***	*
Dackel, Kurz-, Lang- und Rauhaar		***	***	***	*
Deutscher Jagdterrier		*	**	***	**
Foxterrier, Draht- und Glatthaar		**	**	***	**
Parson Russel, Jack Russel Terrier		***	***	***	**
Westfalenterrier		***	***	***	**
Zwergteckel, Kaninchenteckel	Bodenjagd auf Kaninchen und/oder Raubwild	***	***	***	*
LAUFHUNDE					
Beagle	Brackieren auf Hase und Fuchs; Drück- bzw. Bewegungsjagden auf Reh-, Schwarz- und Rotwild	***	***	***	*
Brandlbracke		**	**	***	***
Deutsche Bracke		**	**	***	**
Schwarzwild(Kopov)bracke		**	**	***	**
Steirische Rauhaar-Bracke (Peintinger Bracke)		**	*	***	***
Westfälische Dachsbracke (Niederlaufform der Deutschen Bracke)		**	**	***	**
SCHWEISSHUNDE					
Alpenländische Dachsbracke	Brackieren auf Hase und Fuchs; Drück- bzw. Bewegungsjagden auf Reh-, Schwarz- und Rotwild; Nachsuchenspezialist	*	**	***	***
Bayrischer Gebirgsschweißhund	Nachsuchenspezialist	*	**	***	***
Hannoverscher Schweißhund		*	**	***	***

…k-, Treib- und …egungsjagden …Schalenwild	Vor (Suche) und nach dem Schuss (Apport) auf Kanin, Hase, Hühner, Fasan etc.	Jagd auf Enten	Besonderheiten	Sonstiges
	**	*	Bei erschwerten Nachsuchen können die Erdhunde schwerkrankes Wild binden, aber aufgrund ihrer geringen Körpergröße nicht unbedingt halten. Durch ihre Niederläufigkeit machen sie auf Bewegungsjagden – im Vergleich zu den Vorstehhunden – das Wild nicht zu schnell. Wenn sich allerdings die Gelegenheit bietet, gehen die Bauhunde gern ihrer Passion auf Raubwild unter Tage nach.	
	*	*		Neigen dazu, weit zu jagen (Brackenblut), im Winter bei Schnee durch Niederläufigkeit benachteiligt.
	**	**		Apportierfreudig. Manchmal überpassioniert.
	**	**		Apportierfreudig.
	**	**		Apportierfreudig.
	**	**		Apportierfreudig. Die braune Jacke lässt den Westi bei der Baujagd wie einen Fuchs aussehen!
	*	*		Im Winter bei Schnee durch Niederläufigkeit benachteiligt, Laufwege durch die kleine Statur begrenzt.
	*	*	Sollte der Beagle auf Schwarzwild geschnallt werden, empfiehlt es sich, beispielsweise Terrier einzusetzen, um mehr Druck aufzubauen.	Lockerer Hals, braucht viel Auslauf und Beschäftigung. Weitgehend fehlende Wildschärfe.
	*	*	Sehr wendig im schwierigen, felsigen Gelände; auch geeignet für erschwerte Nachsuchen.	Hervorragendes Orientierungsvermögen, ausgeprägte Wildschärfe, Spurwille, Gangsicherheit und exzellenter Jagdtrieb. Bracken dürfen nur in Jagdbögen geschnallt werden, die mindestens 1000 Hektar groß sind!
	*	*	Jagen meist als Solojäger. Neigt zum Überjagen, braucht in der jagdfreien Zeit viel Auslauf und Beschäftigung.	
	*	*		
	*	*	Sehr wendig im schwierigen, felsigen Gelände, sehr »robust«, scheut keine Dornen etc., extrem passioniert, nicht unbedingt »leichtführig«. Auch geeignet für erschwerte Nachsuchen.	
	*	*	Kurzläufiger und gedrungener als die Deutsche Bracke. Der Aktionsradius ist entsprechend geringer, und daher ist die Dachsbracke auch für kleinere Reviere geeignet.	
	*	*	Sehr gute Gangsicherheit, Fährtenlaut und gute Wildschärfe. Extrem wendig im schwierigen, felsigen Gelände.	Die Ausbildung auf der Schweißfährte erfordert Geduld und Zeit. Vorteil: Das Gespann kann sich auf dieses eine Spezialgebiet konzentrieren. Unter Umständen sehr sensible Hunde.
	*	*		
	*	*	Extremer Spurwille und ausgeprägte Spursicherheit, dazu Fährten-, Sicht- und Standlaut. Hinzu kommt eine ausgezeichnete Wildschärfe.	

Rasse	Haupteinsatzgebiet	Für Erstlingsführer	Für Familie mit Kind/Kindern	Einfache, kurze Totsuchen auf Schalenwild	Schwierige Nachsuchen auf Schalenwild bis 30 Kilogramm mit Stellen, Halten, Binden
RETRIEVER					
Chesapeake-Bay-Retriever	Enten- und Gänsejagd	*	**	**	*
Coated Retriever, Curly und Flat	Wasser- und Niederwildjagd	**	**	**	*
Retriever, Golden und Labrador	Wasser- und Niederwildjagd	***	***	**	*
STÖBERHUNDE					
Deutscher Wachtelhund	Wasserjagd; Drück- bzw. Bewegungsjagden auf Reh-, Schwarz- und Rotwild	***	***	***	**
Laika (Nordischer Jagdhund)	Drück- bzw. Bewegungsjagden auf Reh-, Schwarz- und Rotwild	*	**	***	**
Spaniel, English-Cocker-Spaniel, English-Springer-Spaniel, Welsh Springer	Wasserjagd; Drück- bzw. Bewegungsjagden auf Reh-, Schwarz- und Rotwild	***	***	***	*
VORSTEHHUNDE					
Deutsch-Drahthaar	Niederwild- und Wasserjagd	**	**	***	**
Deutsch-Kurzhaar		**	***	***	**
Deutsch-Langhaar		**	**	***	**
Deutsch-Stichelhaar		***	***	***	**
Epagneul; Breton, Français, Picard		***	***	***	*
Weimaraner (Kurz-, Langhaar)		**	**	***	**
Griffon		***	***	***	**
Magyar Vizsla (Draht-, Lang-, Kurzhaar)		***	***	***	*
Münsterländer (Großer, Kleiner)		***	***	***	*
Pudelpointer		***	***	***	**
English und Irish Setter		***	***	***	*
Pointer	Hühnerjagd im Feld	**	***	***	*

*** sehr geeignet, ** gut geeignet, * bedingt geeignet

Diese Tabelle hat keinen Anspruch auf Vollständigkeit. Die Vergabe der Sternchen ist ohne Gewähr. Der von Ihnen gewählte Hund sollte möglichst zwei Sternchen für d

…ck-, Treib- und …egungsjagden …Schalenwild	Vor (Suche) und nach dem Schuss (Apport) auf Kanin, Hase, Hühner, Fasan etc.	Jagd auf Enten	Besonderheiten	Sonstiges
	**	***	Hervorragende Apportierer, sehr wasserfreudig und großer Arbeitswille.	Sehr robust und sehr wachsam. Braucht viel Auslauf und Beschäftigung. Neigt zu Schutz- und Territorialverhalten.
	***	***		
	***	***		Ausdauernde Suchenarbeiter.
*	**	***		Braucht viel Auslauf und Beschäftigung. Apportierfreudig.
*	*	*	Jagt nicht spurlaut, sondern nur sichtlaut, stellt das Wild und bindet es. Der Name Laika stammt aus dem Russischen für »lajatsch« = bellen.	Einzelgänger, arbeitet sehr selbstständig, robust, guter Orientierungssinn. Verteidigt seine Beute und ist wachsam.
*	**	**		Apportierfreudig. Meist leichtführig und kurz jagend. Geringe Wildschärfe.
	***	***	Eigentlich »klassische« Vollgebrauchshunde, die hauptsächlich vor (Suchen und Vorstehen) und nach dem Schuss (Apport) eingesetzt werden, aber wegen Hasen- und Fasanmangel immer stärker bei Bewegungsjagden auf Schalenwild zum Einsatz kommen. Meist wird daher das Wild nicht mehr im klassischen Sinne zugedrückt, sondern zur halsbrecherischen Flucht veranlasst – das wiederum macht das Ansprechen für die Schützen nicht einfacher. Großrahmige Hunde sind stärker gefährdet, von Sauen geschlagen zu werden, als kleinere.	Sehr passioniert, weitjagend, mit ausgeprägter Wildschärfe, daher gern auch als »Packer« beim Nachsuchengespann im Einsatz.
	***	***		
	***	***		Unter Umständen griffige Schärfe.
	***	***		Leichtführige Allrounder mit guter Wildschärfe.
	***	***		Geringe Wildschärfe.
	***	***		Enge Bindung an seinen Hundeführer, ausgeprägte Wildschärfe, angewölfter starker Schutztrieb.
	***	***		Leichtführig mit guter Wildschärfe.
	***	**		Temperamentvoll und sensibel, mit nicht allzu stark ausgeprägter Wildschärfe.
	***	***		Guter Orientierungssinn und beherrschte Wildschärfe.
	***	***		Leichtführig mit guter Wildschärfe.
	***	***	Vorstehhund für die Federwildarbeit im Feld und am Wasser.	Brauchen viel Auslauf und Beschäftigung.
	***	*		Jagt gern weit.

…sehene Einsatzgebiet aufweisen. Ausnahmen bestätigen die Regel. Mischlingshunde wurden aufgrund ihres Variantenreichtums nicht berücksichtigt.

ZEISS

Auf den Hund gekommen

An was müssen Sie eigentlich alles in Bezug auf Ausrüstung und Ausstattung denken, wenn der Welpe kommt? Hier das Wichtigste – von A wie Apportel bis S wie Signalweste.

Apportel

Apportel, auch Dummies genannt, kann man nie genug haben. Es gibt sie beispielsweise aus Canvas, Jute, Neopren, Leder und bissfestem Hartgummi. Wahlweise können Sie auch Apportel kaufen, die mit einem Balg überzogen sind. Es gibt spezielle Wasserdummies, die hoch beziehungsweise tiefer auf dem Wasser liegen können und sich entsprechend austarieren lassen. Nicht zu vergessen die Wildattrappen wie Taube, Ente, Fasan, Kanin und Hase, die in Größe und Gewicht ihren natürlichen Vorbildern ähneln und meist mehrteilig sind. Diese Dummies sind meist aus weichem und hartem Kunststoff gefertigt und sind dazu wahre Alleskönner. Die Taube wird es nicht übelnehmen, wenn sie mal im Wasser landet, weil sie Auftrieb hat.

Das Angebot im Fachhandel ist riesig, trotzdem können Sie Ihrer Kreativität freien Lauf lassen, indem Sie beispielsweise an ein Canvas-Dummy eine Entenschwinge befestigen – fertig ist das Wasserdummy inklusive Wildwittrung. Und selbstverständlich können Sie auch komplette Wildteile einsetzen, wie beispielsweise Läufe von Reh-, Schwarz-, Dam- oder Rotwild.

Im Uhrzeigersinn von links unten: ein rundes Apportel aus Canvas, eine Entenschwinge, ein Dummy mit Kaninchenbalg überzogen, eines aus Leder, eines aus Canvas und eine Taubenattrappe aus Hartgummi.

Sie sollten auf alle Fälle immer verschiedene Apportel in Bezug auf Gewicht, Form und Materialien bei sich tragen, wenn Sie mit Ihrem Welpen losmarschieren – es ist für ihn viel abwechslungsreicher, spannender und anspruchsvoller, verschiedene Dummys zu bringen. Der Welpe lernt dabei, seinen Griff zu variieren und zu sensibilisieren.

Apportierbock

Während der Hundeausbildung wird er oft eingesetzt und ist der »Klassiker« schlechthin: der Apportierbock. Wahlweise kann man hier das Gewicht über Holz- oder Metallscheiben regulieren. Damit wird besonders die Nackenmuskulatur des Hundes trainiert.

Bausender

Für den Erdhund, der später für die Baujagd eingesetzt werden soll, kommen Sie um solch eine Anschaffung nicht herum. Selbst dann, wenn Sie später nur die Kunstbaue im Revier abklappern, sollten Sie Ihren Hund mit solch einem Bausender ausrüsten – flüchtet beispielsweise ein aus einem Kunstbau gesprengter Fuchs, der dann krank geschossen wird, wird Reineke den nächstbesten Unterschlupf aufsuchen. Und es wird ihn dabei nicht interessieren, ob er in einen Kunst- oder Naturbau einschlieft. Sofern Ihr Hund an dem Fuchs bleibt, können Sie Ihren Erdarbeiter mithilfe des Peilsenders in jedem x-beliebigen Bau gut orten, falls er irgendwo stecken bleibt oder von einem Dachs verklüftet wird. Entscheidend dabei ist, dass die Akkus des Bausenders immer voll sind und Sie die Baue oder auch Durchlässe in der Umgebung kennen.

TIPP

In den ersten Wochen arbeiten Sie und Ihr Welpe ausschließlich mit Apporteln, die keine Wildwittrung aufweisen. Der Welpe soll zuerst einmal das Tauschprinzip begreifen – schnell die Beute aufnehmen, sie Ihnen bringen und am Ende gegen Futter tauschen. Wildwitterung könnte ihn ablenken und auf schlechte Gedanken bringen. Der Racker würde eventuell in Versuchung geraten, die Beute vor Ihnen zu sichern, zu verstecken oder gar zu vergraben. Deshalb wird erst dann mit Wildteilen gearbeitet, wenn der Welpe genau weiß, was mit der Beute zu tun ist.

Duftstoffkonzentrat

Wenn sich ein Welpe partout nicht für Dummys interessiert, können Sie ein Canvas- oder Juteapportel mit einem Duftstoffkonzentrat von Hase, Kanin, Taube, Fuchs etc. beträufeln, damit Sie nicht gleich zu Wilddummies greifen müssen. Seien Sie aber sehr sorgfältig mit dem Konzentrat und geben Sie es immer nur auf ein und dasselbe Dummy. Normalerweise sollte eigentlich der Eigengeruch des Dummys ausreichen, die Nasenleistung des Welpen abzurufen.

Fährtenschuh

Es gibt verschiedene Fährtenschuhmodelle, die sich unter den normalen Schuh unterschnallen lassen. Das Material, aus dem der Fährtenschuh gefertigt ist, sollte möglichst geruchsneutral sein. Noppen sorgen für sicheren Halt, auch wenn es mal glitschig wird oder bergauf geht. Die unter der Sohle sitzende Befestigung für die Schalen muss stabil und trotzdem leicht zu bedienen sein. Und natürlich muss der Schuh bequem sein, schließlich werden Sie ein paar Kilometer mit ihm zurücklegen.

Futtertonne

In der Futtertonne aus robustem Kunststoff hält sich das Trockenfutter lange frisch. Lagert man es hingegen in den herkömmlichen Futtersäcken, können Flocken & Co. feucht oder gar schimmelig werden.

GPS- oder Tracker-Geräte

Vor allem für die Stöberhundrassen eine wichtige Anschaffung. Damit wissen Sie nicht nur, wo sich Ihr Hund während des Triebs aufhält, Sie können später zu Hause auch in Ruhe auswerten, wie er gejagt beziehungsweise gesucht hat. Aufgrund dieser Auswertungen können Sie Ihren Hund jagdlich besser einordnen und entsprechende Rückschlüsse daraus ziehen. Jagt er bogenrein? Hat er die Schützenkette passiert? In welchem Radius hat er gejagt etc.

Halsung

Das Alltagshalsband, das aus leichtem, strapazierfähigem Material gefertigt sein sollte, ist mit einem sogenannten Stopp ausgestattet. Es lässt sich bis zu diesem Stopp aufziehen – das macht das Überstülpen und Abnehmen des Halsbands leichter. Außerdem verhindert der Stopp das Zuschnüren des Halses. Solche Halsungen gibt es beispielsweise aus Leder oder aus leichtem, weichem Nylonmaterial, speziell für Welpen beziehungsweise kleine Hunderassen. Rechnen Sie damit, dass Sie für die erste Zeit

TIPP

Vergessen Sie nicht, Ihren Welpen in Ihrer Gemeinde anzumelden. Auch für angehende Jagdhunde müssen in den Kommunen, bis auf wenige Ausnahmen, Steuern bezahlt werden.

ein kleines, schmales Welpenhalsband und später ein größeres, breiteres Halsband benötigen.

Kauseil

Das Kauseil dient der Zahnpflege. Schieben sich beim Welpen die bleibenden Zähne durch, hat er ein stärkeres Bedürfnis, etwas anzukauen. Doch damit Stuhl- oder Tischbeine vor ihm und seinen Beißattacken verschont bleiben, bieten Sie ihm einfach ein Kauseil an. Daran kann er seine Zähne aufarbeiten und Sie haben keine »Biberschäden« in den eigenen vier Wänden. Bitte dem Welpen kein Spielzeug geben!

Kennel

Ein Kennel ist für den Welpen Transportbox und Rückzugsgebiet zugleich. Hier gilt: lieber anfangs ein paar Nummern zu groß als später viel zu klein. Achten Sie darauf, dass sich die Gittertür mittels Schiebeverschluss schnell öffnen und wieder schließen lässt. Praktisch ist, dass bei den meisten Modellen der obere Teil abnehmbar ist und die Box so zu einem offenen Schlafplatz umgewandelt werden kann. Wenn man viel auf Reisen ist, hat man das Körbchen immer mit dabei.

Auch die Schwarz-Weißen mögen es gemütlich. Foxl Emma hat sich auf dem dicken Kissen eingerichtet, und Spaniel Charly kann sich noch nicht so recht entscheiden.

Da der Hund auch ausgewachsen noch in die Box passen sollte, müssen Sie bei der Rasse die zu erwartende Schulterhöhe kennen – sie ist in erster Linie das Maß aller Dinge. Danach richten sich dann die Höhe und Länge der Box.

Der Rolls Royce unter den Transportboxen ist die aus Gitterstäben bestehende sogenannte Alubox. Sie ist stabiler und meist großzügiger geschnitten, benötigt dafür aber einen eben entsprechend großen Kofferraum. Sie muss fest im Auto verankert werden und ist sehr viel teurer als die problemlos herein- und herausnehmbare Transportbox aus Kunststoff.

Falls Sie mit einer großrahmigen Hunderasse liebäugeln, beachten Sie, dass die Hunde-Transportbox – ob nun aus Kunststoff oder Aluminium – hinten im Kofferraum entsprechenden Platz benötigt. Sofern Partner oder Kinder und Gepäck während der Ferien nicht zu Hause bleiben sollen, sollten Sie sich im Vorfeld darüber ausreichend Gedanken machen – oder eben doch ein größeres Auto kaufen.

Kissen

Hundekissen sind äußerst praktisch, schließlich kann man sie überall mitnehmen, und der Welpe weiß, auf welchen Platz er gehört. Achten Sie darauf, dass die Kissen mit bis zu 95 Grad gewaschen werden können. Die Unterlagen sind sehr praktisch, denn die Hundehaare lassen sich zwischendurch schnell abklopfen.

Es gibt die Hundekissen in verschiedenen Stärken und Größen. Sofern der Hund viel auf Fliesen oder Platten liegt, empfiehlt es sich, ein dickeres Kissen zu wählen. Achten Sie darauf, dass Unterlagen aus Fleece oder Fell zwar kuschelig, aber echte Haarmagneten sind.

Kofferraumwanne

Im Fell bleibt ziemlich viel Schmutz hängen, und wenn der Welpe im Auto seine Transportbox entert, sieht der Kofferraum entsprechend dreckig aus. Umso besser, wenn der komplette Kofferraumboden mit einer Gummi-Kofferraumwanne ausgestattet ist. Die ist einfach und gut zu säubern. »Ist doch nicht so wichtig!«, sagen Sie? Dann wundern Sie sich nicht, wenn überall im hinteren Fahrzeugbereich Hundehaare kleben, die mehr schlecht als recht per Staubsauger wieder zu entfernen sind.

Körbchen

Die Größe des Hundekörbchens sollten Sie ebenfalls so wählen, dass der Welpe auch als ausgewachsener Hund gut hineinpasst. Kunststoffschalen sehen zwar nicht so hübsch aus wie Körbchen aus Rattan, dafür sind sie gut zu reinigen. Und Welpen, die dazu neigen, alles in ihrer Umgebung ankauen zu wollen, verlieren bei dem Hartplastik schnell die Lust.

Leckerlitasche

Wenn man mit dem Welpen etwas unternimmt, sollte die Leckerlitasche immer am Mann beziehungsweise an der Frau getragen werden. Die Futtertasche lässt sich idealerweise per Clip oder Lasche am Gürtel befestigen. Sie sollte aus strapazierfähigem und leicht zu reinigendem Nylonmaterial sein und über einen so genannten Schnappverschluss verfügen – die Klemme erlaubt es, die Futtertasche mit einer Hand zu bedienen und sie auf- und zuschnappen zu lassen.

Optimal ist es, wenn an dem Leckerlibeutel seitlich kleine Taschen angebracht sind, um beispielsweise leere Kotbeutel darin zu verstauen.

Leine

Die Leine sollte vom Eigengewicht nicht zu schwer, sondern dem Gewicht und der Größe des Welpen angepasst sein. Achten Sie dabei unbedingt auf den Verschluss, der an der Halsung befestigt wird. Ist er zu schwer, zu lang und zu klobig, schlägt er unter Umständen unangenehm an die Vorderbeine Ihres Schützlings. Sie sollten zu Beginn keine teure Lederleine kaufen, sondern lieber auf günstigeres Material zurückgreifen – wenn der Welpe in den ersten Wochen das eine oder andere Mal auf dem Leder herumkaut, ärgern Sie sich sonst.

Stellen Sie sich darauf ein, dass Sie für den Anfang einen schmalen, leichten Riemen benötigen und dann in einem halben Jahr hier, wie bei der Halsung, nachrüsten müssen.

Napf

Die meisten Futternäpfe weisen am unteren Rand einen Gummiring auf, der dafür sorgt, dass die Fressschüssel selbst auf glattem Untergrund fest steht und nicht hin und her rutscht. Das ist natürlich sehr nützlich und sieht zudem gut aus, allerdings habe ich die Erfahrung gemacht, dass der Gummiring nach ein paar Wochen porös wird und sich dann schließlich irgendwann verabschiedet. Deshalb lieber gleich einen Edelstahlnapf ohne diesen Schnickschnack kaufen und die Schale einfach auf einem rutschfesten Untergrund platzieren.

Zur Wasserschüssel: Ein sogenannter Langohrnapf verhindert, dass lange, schwere Behänge während des Schöpfens ins Wasser tauchen. Wenn Sie einen Terrier oder Labrador im Hause haben, können Sie getrost auf diese Spezialanfertigung verzichten. Aber alle Hunde, die extrem lange Behänge haben, wie zum Beispiel der Spaniel, sollten sich mit diesem Napf anfreunden. Sonst haben Sie später überall im und rund um das Haus eine Wassertropfenspur, die Ihnen erbarmungslos aufzeigt, wo Ihr Hund überall entlanggelaufen ist, nachdem er Wasser aus einem normalen Futternapf geschöpft hat.

Pfeife

Legen Sie sich von vornherein eine Doppeltonpfeife zu, auf der Sie den normalen Pfiff und den Triller »spielen« können. Die Doppeltonpfeifen gibt es aus Horn, Plastik und Holz und werden inzwischen nicht mehr nur im langweiligen Schwarz, sondern auch in Signalfarben wie Orange oder Hellgrün gefertigt.

Pfoten-Schutz-Schuhe

Wir wohnen in einem »Schneeloch« – der Winter bei uns im Allgäu erstreckt sich über mehrere Monate und bringt viel Schnee und Frost. Besonders langhaarige Hunde können sich beim Spazierengehen die Ballen unter den Pfoten aufreißen. Verantwortlich dafür sind die Haare, die zwischen den einzelnen Ballen hervorsprießen und dafür sorgen, dass sich dort Eisklumpen bilden. Sie sorgen für unangenehme Reibung beim Laufen und reißen unter Umständen die Haut ein. Deshalb stülpe ich unserem Spaniel einen sogenannten Pfotenschutz – ausgestattet mit robusten, gummierten Profilsohlen – über seine Füße. Als Charly die Schuhe das erste Mal trug, lief er wie ein Tanzbär. Er hat sich jedoch schnell an sie gewöhnt, und verletzte Ballen gibt es seitdem nicht mehr. Wer die Pfoten seines Hundes nicht extra verpacken möchte, greift zur Ringelblumensalbe und cremt damit die Ballen kräftig ein. Sie fettet und schützt.

Jedem das Seine: Rechts steht der Langohrnapf mit breitem Rand für Charly.

Reizangel

Die Reizangel kann man hervorragend selbst bauen – mithilfe eines normalen, robusten, langen Haselnusssteckens und einer Schnur. Wer jedoch auf ein Profigerät zurückgreifen will, wird im Fachhandel schnell fündig. Die Teleskopangel speziell für die Hundeabrichtung gibt es in verschiedenen Längen.

Natürlich können Sie auch auf eine möglichst robuste Angelrute zurückgreifen, an der Sie eine widerstandsfähige Schnur befestigen.

Rucksack

Der Rucksack spielt in diesem Buch eine wichtige Rolle – er dient dem Welpen als Ausgangspunkt, Transportmittel und Rückzugsgebiet. Umso besser, wenn der Rucksack nicht zu fein ist für Feld, Wald und Wiese. Loden oder Canvas sind daher völlig ausreichend, Leder muss nicht sein!

Schutzweste

Die Schutzweste ist in erster Linie für die Hunde gedacht, die verstärkt auf unser wehrhaftes Wild, das Schwarzwild, eingesetzt werden – ob während der Drückjagd oder der Nachsuche. Apropos Nachsuche: Auch angeschweißte Rehböcke sind nicht zu unterschätzen und können mit ihrem Gehörn dem Hund schmerzhaft zusetzen.

Praktisch ist, dass sich bei den meisten Schutzwesten »von der Stange« in der Rückenpartie verschiedene Bahnen per Reißverschluss hinaustrennen lassen – mit diesem Kniff lässt sich die Breite variieren und gut anpassen. Hübscher Nebeneffekt: Steht der Hund zu Beginn der Drückjagdsaison noch gut im Futter, nimmt aber dann im Verlaufe des Herbstes durch die vielen Einsätze ab, zippt man einfach eine Bahn hinaus und schon ist die Weste im Umfang kleiner und passt wieder wie angegossen. Das Material der Schutzweste ist meist eine Mischung aus Cordura mit Ripstop-Struktur. Es ist extrem widerstandsfähig. Reflektoren und Tasche für das GPS sind inzwischen bei allen Modellen Standard.

Neben den Modellen aus der Serienanfertigung gibt es auch maßgeschneiderte Schutzwesten, beispielsweise von Mikut oder Müller Fox, diese Firmen haben bereits jahrzehntelange Erfahrung in Sachen »Schutzwesten«.

Schweißriemen

Für die Arbeit auf der Kunstfährte und die Totsuche benötigt Ihr Hund natürlich auch einen Schweißriemen. Es gibt ihn aus Leder, Nylon oder Kunststoff. Der Schweißriemen aus Leder hat ganz klar den Nachteil, dass er Nässe aufnimmt und gewissenhaft gepflegt werden muss, damit er mit der Zeit nicht rissig wird. Beim Schweißriemen aus Nylon oder Kunststoff müssen Sie diese Sorge nicht haben, beide Materialien sind wasserabweisend und sehr robust. Achten Sie beim Kauf des Schweißriemens darauf, dass der Abschluss, also der letzte Meter, entweder farbig markiert oder aus einem anderen Material gefertigt wurde – damit Sie wissen, dass das Ende bald ereicht ist.

Signalweste

Sofern Sie Ihren Gefährten nicht mit einer Schutzweste ausstatten, sollten Sie ihm unbedingt eine Signalweste überziehen. Der Hund ist von weitem für die Schützen sehr gut zu erkennen, außerdem lassen sich bei den meisten Westen GPS-Geräte verstauen, sodass man auf die Signalhalsung komplett verzichten kann.

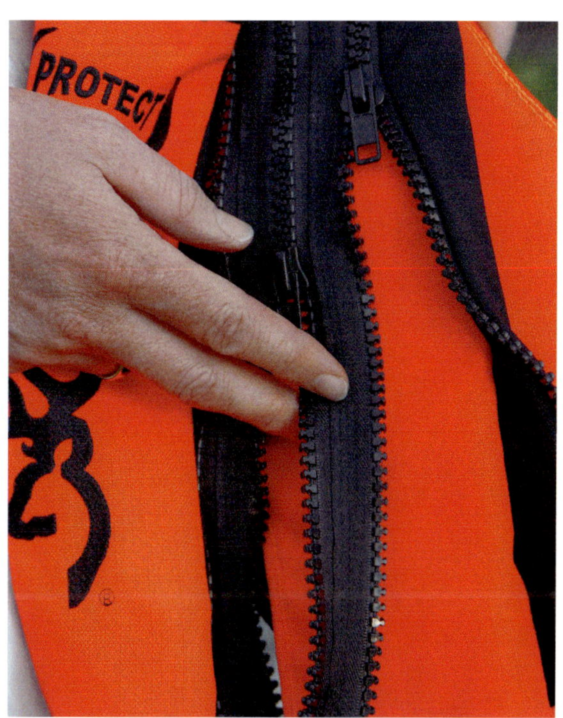

Bei der Browning Pro lassen sich per Reißverschluss im Rückenbereich einzelne Bahnen herauslösen.

Der erste gemeinsame Schritt

Erst acht Wochen auf der Welt und schon steht der größte Einschnitt im Leben des Welpen bevor – er kommt in neue Hände. Wie geht's jetzt weiter?

Ab der 4. Lebenswoche bis einschließlich 8. Woche

- »Komm« auf Pfiff, Honolulu-Ruf oder Zunge schnalzen
- Unterlagen prüfen
- Welpen-Check

- Umgebung und andere Familienmitglieder kennenlernen
- viel Körperkontakt
- Binärsprache »Ja« und »Nein«
- Kontakthalten
- Stubenreinheit
- Kennel als Nachtlager

EXTRA

- Zwölf Grundregeln fürs Welpen-Einmaleins

Der Welpe wird abgeholt

Lassen Sie den Welpen vor der Fahrt nach Hause kräftig toben. Unternehmen Sie einen Ausflug mit Ihrem zukünftigen Schützling, dem Rest der Rasselbande und der Mutterhündin. Dabei sollten Sie bereits Leckerchen in der Hosentasche dabeihaben – gehen Sie zwischendurch in die Hocke und belohnen Sie die Welpen, wenn sie freudig angesaust kommen.

Auch auf Pfiff, Honolulu-Ruf oder Zunge schnalzen (siehe S. 14, 15) , sollten die kleinen Racker schon reagieren. Achten Sie auf die körperliche Verfassung Ihres Schützlings. Glänzt sein Fell? Sind seine Augen klar und die Ohren sauber? Hat der Welpe eventuell einen Nabelbruch – das alles kann man spielerisch während des Ausflugs untersuchen und gegebenenfalls den Züchter darauf ansprechen.

Bevor dann endgültig Abschied von Züchter, Hündin und Wurfgeschwistern genommen wird, geben Sie dem Welpen ausgiebig Zeit zu fressen, zu schöpfen und sich zu lösen.

Alle Unterlagen beisammen?

Schauen Sie sich vor Ihrer Abreise die Unterlagen und Papiere Ihres neuen Hundes genau an. Ab der 6. Lebenswoche wird die Impfung gegen Parvovirose (Katzenseuche) und Staupe empfohlen, ab der 8. Lebenswoche deren Nachimpfung sowie das Impfen gegen Hepatitis, Leptospirose und Zwingerhusten. Auf jeden Fall beim Züchter nachfragen und im Impfpass nachsehen, wann welche (Nach-)Impfung vorzunehmen ist. Lassen Sie sich das Futter mitgeben, dass der Welpe gewöhnt ist, es sollte für eine Woche reichen.

Charly (ganz rechts) wurde auf ausdrücklichen Wunsch nicht kupiert, im Gegensatz zu seinen anderen Geschwistern hat er seine lange Rute behalten.

Welpen-Check

- Unterseite des Bauchs auf Nabelbruch kontrollieren;
- Milchzähne und Gebiss checken;
- Fell (glänzend);
- Augen (klar);
- beim Rüden: Sitz der Hoden prüfen;
- Impfausweis und Chipnummer geben lassen, auf Übereinstimmung prüfen;
- Info über die letzte Wurmkur;
- Kaufvertrag in zweifacher Ausführung unterschreiben, eine Ausführung mitnehmen;
- bei Jagdlicher Leistungszucht: Papiere prüfen, auch auf die Unterschrift des Züchters achten (wird manchmal vergessen!);
- gewohntes Welpenfutter für eine Woche mitgeben lassen;
- das zuvor beim Züchter gelassene T-Shirt mitnehmen.

Charly kommt aus Thüringen. Die Fahrt ins Allgäu ist lang – Zeit, sich zu entspannen und liebevoll mit dem Welpen zu kuscheln.

Lieber zu zweit als allein

Alles Weitere ist ebenfalls geklärt (siehe Kasten) – dann kann's ja losgehen! Optimal ist es, wenn Sie zu zweit angereist sind – einer fährt das Auto, der andere kümmert sich um den Welpen und nimmt ihn anfangs auf den Schoß. Perfekt, wenn der kleine Racker so müde ist, dass er bald döst und Sie ihn in den weich gepolsterten Kennel, in dem Sie jetzt auch das T-Shirt (siehe S. 15) verstaut haben, zum Schlafen legen können. Lassen Sie die Box, sofern es deren Größe zulässt, in Ihrer Nähe. Befestigen Sie den Kennel, wenn es geht, auf der Rückbank, damit der Welpe in Ihrer Reich-, Sicht- und Hörweite bleibt.

Pausen einplanen

Wird der Welpe unruhig, steuern Sie ein ruhiges Plätzchen an. Achten Sie darauf, dass Sie den Kleinen nicht in der Nähe von Traktoren oder stark befahrenen Straßen ausführen.

Ist die Situation unübersichtlich (Autos, Radfahrer, andere Hunde), leinen Sie Ihren Welpen lieber an. Außerdem sollten Sie frisches Wasser dabeihaben, damit Ihr Schützling ausgiebig schöpfen kann.

Planen Sie genügend Pausen ein und lassen Sie sich nicht hetzen. Wenn Sie entspannt sind, ist es Ihr Welpe auch.

Im neuen Zuhause angekommen

Wenn Sie zu Hause angekommen sind, lassen Sie dem Neuankömmling Zeit und Ruhe, sich die ungewohnte Umgebung anzuschauen, den Garten, die Terrasse etc. Wenn ein Kind beziehungsweise Kinder im Haus sind, besprechen Sie vorher in Ruhe mit ihnen, dass sie nicht stürmisch auf den Welpen zurennen sollen, sondern sich in allem etwas zurückhalten. Der neugierige Welpe wird schon auf sie zusteuern.

Gehört bereits ein Hund zur Familie, sollten Sie beim ersten Aufeinandertreffen unbedingt dabei sein. Greifen Sie ein, wenn der Senior forsch oder rüde ist, und beschützen Sie den Jungen, wenn er von dem Alten bedrängt wird. Ganz klar, der Welpe steht unter Ihrer Obhut. Daher sollten Sie den Alten und den Jungen in den ersten Tagen nie alleine lassen.

TIPP

Kleine Kinder und Hundenachwuchs sollten nicht allein gelassen werden. Sammelt der Welpe schlechte Erfahrungen, beispielsweise weil er an den Behängen oder der Rute gezogen oder gekniffen wurde, wird der Hund im fortgeschrittenen Alter eventuell Stress haben, sobald ein Kind auf ihn zukommt und knurren oder gar nach ihm schnappen.

Doch auch die Kinder müssen vor dem Welpen geschützt werden – verfolgt der kleine Racker sie übermütig, heißt die Devise: Stehen bleiben und nicht beachten. Zwickt der Welpe, signalisiert man dies mit einem hoch gesprochenen Schmerzenslaut. Wehtun ist nicht erlaubt, das gilt für beide »Parteien«.

Charly lernt sein neues Zuhause kennen. Er erkundet ohne großes Hallo ganz in Ruhe und stressfrei sein Umfeld.

Lassen Sie den Kennel in der Nähe des Geschehens – wird es dem Welpen zu viel oder zu ungemütlich, wird er sich in die sichere Höhle zurückziehen. Will der alte Hund hinterher, blocken Sie ihn mit der Hand ab, so dass er die geöffnete Kiste nicht entern kann. Hüten Sie sich jedoch davor, den Kennel zu schließen und den Welpen einzusperren (siehe S. 37). Normalerweise haben sich der Junge und der Senior nach ein paar Tagen aneinander gewöhnt, und der Welpe ist dankbar, dass er einen vierläufigen Kameraden an seiner Seite weiß.

Zeit zum Schmusen

Nehmen Sie Ihren Schützling auf den Arm, sobald er eine Auszeit nimmt, und gewähren Sie ihm dort eine Ruhepause. Oder legen Sie sich den Welpen auf die Brust, wenn Sie selbst eine kleine Siesta auf dem Sofa machen. Kuscheln und schmusen Sie mit ihm, ohne sich aufzudrängen – er braucht Ihre Nähe, Ihre Zuneigung und das Kontaktliegen. Nutzen Sie die Gelegenheit! Noch ist der Welpe klein und »handlich«. Wenn er dann eingeschlafen ist und Sie aufstehen möchten, legen Sie ihn einfach vorsichtig an beziehungsweise auf einen seiner Lieblingsplätze. Bei Charly ist es bis heute die Sauschwarte.

Die Binärsprache ist die Basis

Der Welpe hat jedoch keinen Freifahrtschein – auch nicht am ersten Tag im neuen Zuhause – nur weil er so niedlich ist. Es gibt Grenzen. Wurde dieser Teil in den ersten acht Wochen hauptsächlich von der Mutterhündin und den Geschwistern übernommen,

Lernen macht müde – Charly hat schon seinen Lieblingsplatz gefunden, die Sauschwarte im Arbeitszimmer.

TIPP

Wenn Sie die Binärsprache anwenden, spielt auch Ihre Mimik eine Rolle. Schauen Sie fröhlich und gut gelaunt bei dem freundlichen »Jaaaaa« und miesepetrig und muffig bei dem missmutigen »Nein«.

liegt es jetzt an Ihnen, Ihrem Schützling von der ersten Stunde an konsequent und sanft zu vermitteln, was erlaubt ist und was nicht.

Dafür hat sich die Binärsprache, das lobende »Ja« (richtig) und das missmutige »Nein« (falsch) bewährt. Wichtig ist, dass Sie es dem Welpen erleichtern, zwischen »Ja« und »Nein« zu unterscheiden – in Stimm- und Tonfall. Das »Jaaaaa« ist also freundlich, in höherer Tonlage, ähnlich wie der Honolulu-Ruf gesprochen, und lang gedehnt, das »Nein« hingegen schärfer und kurz gesprochen. Mithilfe der Binärsprache können Sie den Welpen steuern – wichtig ist jedoch, dass Sie ihn genau in dem Augenblick mit »Jaaaaa« oder »Nein« lenken, in dem er das gewünschte beziehungsweise unerwünschte Verhalten zeigt. Schaltet er dann schnell um, nimmt sich also zurück oder bietet Ihnen ein anderes Verhalten an, müssen Sie genauso schnell sein und entsprechend mit »Jaaaaa« oder »Nein« darauf reagieren – klingt kompliziert, ist es aber nicht.

Die ersten Grenzen

Hier ein Beispiel: Der Welpe beginnt, das Tischbein anzunagen. Sagen Sie missmutig »Nein«. Wahrscheinlich wird der Jungspund jetzt mit der Knabberei aufhören, und Sie bestärken ihn just in dem Moment mit dem lobenden, freundlichen »Jaaaaa«. Schließlich ist es das, was Sie erreichen wollten! Doch mit Sicherheit wird dieser Erfolg nicht von langer Dauer gekrönt sein und der Welpe wird sich erneut das Tischbein vorknöpfen. Beobachten Sie ihn daher genau – in dem Augenblick, in dem er wieder loslegt, reglementieren Sie das erneut, dieses Mal mit einem schroffen »Nein«. Sie ahnen es – der Racker wird aufhören, und Sie belohnen ihn abermals sofort mit Ihrem fröhlichen »Jaaaaa«. Dieses Hin und Her kann sich über einen längeren Zeitraum erstrecken, bleiben Sie aber unbedingt dran, geduldig, sanft und konsequent. Irgendwann wird der Welpe das Annagen des Tischbeins einstellen. Sie haben es geschafft! Der kleine Racker hat Sie verstanden und »aufgegeben«. Ein erster, sehr wichtiger Schritt ist getan.

Praktizieren und etablieren Sie von Anfang an die binäre Sprache, wenn die Situation es erlaubt. Eins ist klar: Wenn Sie das »Jaaaaa« und »Nein« sauber kommunizieren, werden die zukünftigen Diskussionen mit Ihrem neuen Gefährten immer kürzer ausfallen, weil er weiß, dass Sie sich durchsetzen – konsequent und sanft.

Charly folgt Franziska – und bekommt als Belohnung reichlich Futter.

Kontakthalten fördern

Erinnern Sie sich? Der Welpe wurde von einer Sekunde auf die andere aus seinem vertrauten Umfeld herausgerissen, ist ab jetzt von seiner Mutter und seinen Geschwistern getrennt. Sie sind jetzt seine »Ersatzmutter«, zeigen ihm Grenzen auf und sorgen für ihn. Der Welpe wird sich daher die ersten Tage kaum von Ihnen entfernen und immer darauf achten, Sie nicht zu verlieren. Er sucht förmlich Kontakt. Fördern Sie dieses »Kleben« an Ihrer Person.

Laufen Sie beispielsweise mit dem vollen Fressnapf durch den Garten und pfeifen Sie, oder rufen Sie »Honolulu!« oder schnalzen mit der Zunge. Wie auch immer, der Welpe wird Ihnen freudig hinterherlaufen – schließlich sind Sie es, der ihn zum Futter führt, und Sie sind es, der es verteilt. Umso wichtiger für den Neuankömmling, hier Anschluss zu halten! Während er frisst, geben Sie ruhig noch ein paar Bröckchen Futter in den Napf dazu. Der Welpe macht also die Erfahrung, dass Sie ihm nichts wegnehmen – im Gegenteil, Sie geben ihm sogar noch etwas dazu!

Die Lösecke im Garten

Nach dem Fressen und dem Spielen sollte der Kleine Gelegenheit haben, sich an einer bestimmten Ecke im Garten zu lösen. Macht er dann tatsächlich brav sein Geschäft, loben Sie ihn beispielsweise mit »Jaaaaa, so brav Bächlein«. Nach ein paar Tagen weiß Ihr Schützling genau, was er zu erledigen hat, wenn Sie, nachdem er gefressen oder gespielt hat, erneut die gleiche Ecke ansteuern und ihn mit einem »Mach Bächlein« auffordern, laufen zu lassen. Selbstverständlich kann man auch bei der täglichen Runde in der Umgebung ein und den gleichen »Lösungsplatz« mit dem Welpen anlaufen.

Nach dem Fressen hat Charly Zeit, sich im Garten zu lösen, und steuert schon »seine« Ecke an. Mit »So brav Bächlein« wird dieses Verhalten von Julia kommentiert.

Die erste Nacht

Bevor Nachtruhe angesagt ist, füttern Sie Ihren Welpen, geben ihm zu schöpfen und gehen anschließend noch einmal gemeinsam mit dem Welpen raus vor die Tür in »seine« Ecke. Warten Sie so lange, bis er sich gelöst hat, erst dann laufen Sie gemeinsam wieder ins Haus zurück.

Den Kennel nehmen Sie in den ersten Wochen selbstverständlich zu sich mit ins Schlafzimmer ans Bett – mitsamt T-Shirt und den darin gespeicherten vertrauten Gerüchen. Legen Sie ein paar Leckerchen hinein, dann wird Ihr Schützling gern seine Behausung annehmen. Die Tür bleibt (noch) offen.

Welpe bleibt über Nacht im Kennel

Will der Neuankömmling jedoch nicht schlafen und seine Box verlassen, machen Sie ihm freundlich, aber konsequent klar, dass er jetzt in dem Kennel zu bleiben hat. Sie sind derjenige, der den Takt vorgibt, nicht der Welpe! Sobald er eine Pfote raussetzt, strecken Sie für ihn gut sichtbar Ihre flache Hand vor die Öffnung, blocken ihn mit missmutigem »Nein« ab – dies ist übrigens ein kleiner Vorgeschmack auf den grünen und roten Bereich (siehe S. 50). Krabbelt der Racker trotzdem heraus, schieben beziehungsweise setzen Sie ihn behutsam in die Box zurück. Loben Sie ihn mit freundlichem »Jaaaaa«, sobald er dort zur Ruhe kommt. Aber Achtung: Dosieren Sie das »Jaaaaa«, sonst kann es passieren, dass der Jungspund, je nach Temperament, vor lauter Freude über Ihr »Jaaaaa« zu Ihnen aus dem Kennel angesprungen kommt.

> **TIPP**
>
> Immer wenn Sie an dem, nicht vom Welpen besetzten, offenen Kennel vorbeigehen, legen Sie ein paar Leckerchen hinein. Der Welpe wird schnell herausfinden, dass es dort immer was zu finden gibt, und die Box öfter aufsuchen. Der Kennel ist daher für ihn äußerst positiv.

Schließt man dagegen zur Nachtruhe die Kenneltür, obwohl der Welpe noch munter ist, beginnt er an der Tür zu kratzen und zu jaulen – und was machen Sie? Die Tür auf? Also: Immer erst die Kenneltür schließen, wenn der Welpe zur Ruhe gekommen ist, sonst fühlt er sich, zu Recht, eingesperrt. Und: Die Box ist nicht dafür da, den Welpen einzusperren und alleine zu lassen!

Beim Neuankömmling bleiben

Ihr Welpe wird mehr oder weniger, je nach Charakter, mit Ihnen diskutieren – genau wie beim Anknabbern des Tischbeins. Machen Sie ihm daher auch in dieser Situation deutlich, dass Sie nicht nachgeben werden. Da er sich vorher ausgiebig gelöst hat, kann hier nichts drücken. Bleiben Sie konsequent, halten Sie Ihren Schützling mithilfe der Binärsprache und der abblockenden Hand im Kennel. Das Gute daran: Die Diskussion macht nicht nur Sie, sondern auch den Welpen müde. Sie werden sehen, er wird sich irgendwann in der Box einrollen nach dem Motto: »Der Klügere gibt nach!« Manchmal wird das Zur-Ruhe-Kommen beschleunigt, indem Sie den Welpen mit einer Hand durch die Öffnung der Box sanft kraulen und ihm so Nähe, Wärme und Geborgenheit vermitteln.

Wichtig ist, dass Sie in dieser Phase den Raum nicht mehr verlassen. Sonst zieht es den Welpen unter Umständen wieder raus aus der Box, weil er mitbekommen hat, dass Sie nicht mehr da sind. Und die Diskussion startet dann wieder von vorne.

Jaulen und Fiepen sind Signale

Schläft der Welpe tief und fest, machen Sie erst jetzt die Kenneltür zu. Muss Ihr Schützling dann in der Nacht raus, weil die Blase zwickt, wird er sich durch Unruhe, Fiepen oder Kratzen in der Box bemerkbar machen. Das Signal für Sie: aufstehen, Kenneltür aufmachen, dann zum Beispiel mit der Zunge schnalzen (eines der Signale für »Komm«), den aus dem Kennel kommenden Welpen sanft auf den Arm nehmen und nach draußen tragen – damit nicht vorher schon ein Unglück passiert. Sobald Sie in der besagten Gartenecke sind, setzen Sie Ihren Schützling sanft ins Gras und sagen wie immer »Mach Bächlein«. Sobald er laufen lässt, loben Sie ihn mit freundlichem »Jaaaaa«. Lassen Sie ihm trotzdem noch etwas mehr Zeit, falls er auch noch sein großes Geschäft erledigen muss. Dann ohne Umschweife und Aufregung einfach in die Box zurücksetzen. Ist der Racker müde und rollt sich sofort zufrieden ein, einfach wieder die Tür des Kennels schließen, damit er sich – wie zuvor – bemerkbar machen muss, falls er das Lager erneut verlassen muss, um sich zu lösen.

Ist der Welpe jedoch durch den kurzen Ausflug in den Garten aufgekratzt, beginnt die Kennel-Diskussion unter Umständen wieder von vorne wie zuvor beschrieben. Bleiben Sie auch jetzt sanft, aber konsequent mit »Jaaaaa« und »Nein« am Ball. Auch hier gilt: Im Notfall mit der Hand die Öffnung des Kennel abblocken. Warten Sie mit dem Schließen der Tür, bis sich der Welpe seinem Schicksal ergeben und wieder eingerollt hat. Sicher wird die zweite Diskussion schon etwas kürzer ausfallen als die erste.

Trösten Sie sich, es wird jeden Abend besser, den Kleinen zur Nachtruhe zu bringen. Er lernt die Strukturen bei Ihnen kennen, und das gibt ihm Sicherheit.

TIPP

Dort, wo Sie, Ihre Familie und der Welpe sich aufhalten, ist auch der Kennel mit geöffneter Tür in der Nähe platziert. Ihr Schützling hat inzwischen längst herausgefunden, dass es sich lohnt, in den Kennel hineinzukrabbeln und ihn genauer zu inspizieren, schließlich legen Sie ab und zu ein paar Leckerli hinein. Wahlweise können Sie Ihren Welpen auch in der Box füttern. Selbstredend, dass die Kenneltür immer geöffnet bleibt.

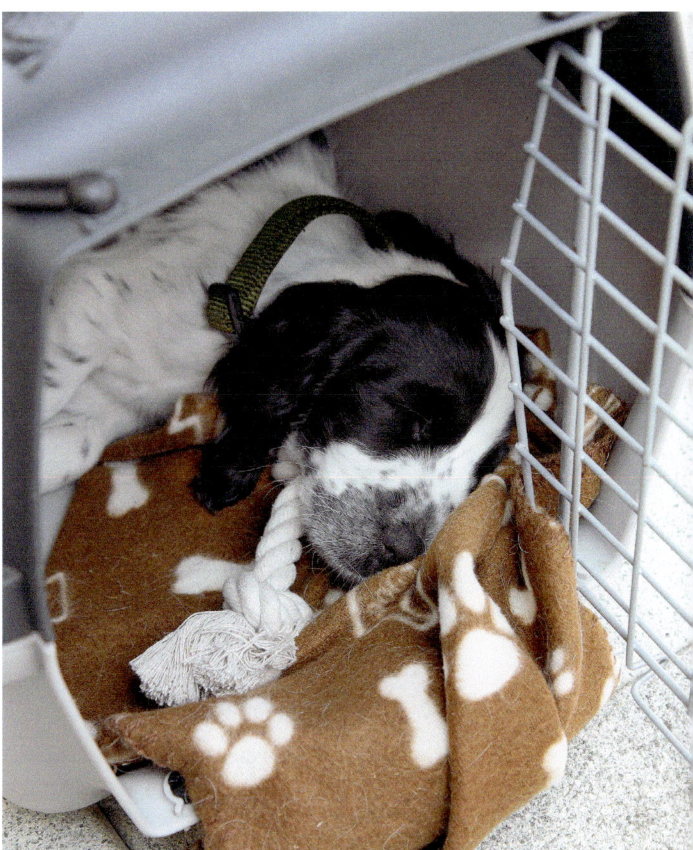

Alles neu, alles anders, alles anstrengend. Hier zieht sich Charly in seine Box zurück. An der Decke haften die Gerüche seiner Kinderstube. Im Kennel findet er auch vor neugierigen Kindern Ruhe.

Zwölf Grundregeln fürs Welpen-Einmaleins

- Wenn Sie mit dem Welpen arbeiten, haben Sie gute Laune und seien Sie weder gestresst noch ungeduldig. Sie haben Zeit und keinen Termindruck.

- Legen Sie im Vorfeld fest, welche Übungen Sie mit Ihrem Welpen absolvieren möchten, und spielen Sie im Kopf den Verlauf der Übung durch. Apportel & Co. im Rucksack verstauen und los geht's!

- Reden ist Silber, Gestik ist Gold. Beschränken Sie sich einfach auf das Wesentliche, und das konsequent.

- Die Gesten beziehungsweise Signale sollten immer nach dem gleichen Muster ablaufen, damit der Welpe sie richtig einordnen und verstehen kann.

- Seien Sie kreativ und arbeiten Sie aus der sich ergebenden, also der jeweiligen Situation heraus! Schaut der Hund zu Ihnen, gehen Sie in die Hocke und breiten die Arme aus fürs »Komm«. Ist der Welpe hingegen etwas erschöpft, nutzen Sie die Müdigkeit für ein »Bleib« am Rucksack (siehe S. 50). Verkneifen Sie sich monotones Abarbeiten, lassen Sie beispielsweise den Welpen nicht zehnmal hintereinander »Sitz« machen, das langweilt den eifrigsten Schüler. Streuen Sie stattdessen die verschiedenen Übungen in Ihren Ausflug ein, variieren Sie die Abfolge.

Franziska weiß, dass beide Hunde auf dem Hundeplatz bleiben müssen. Weil sie Emma und Charly nicht locken darf, setzt sie sich einfach dazu.

- Der Welpe soll sich an Ihnen orientieren und Ihnen folgen. Deshalb haben Sie immer die Tasche voll mit Leckerchen – Sie sind derjenige, der das Futter verteilt. Liebe geht nun mal durch den Magen, das gilt auch für Hunde, egal wie alt sie sind.

- Übertragen Sie Ihre positive Stimmung auf den Welpen. Wenn Sie sich freuen, tut Ihr Welpe das auch. Das ist vor allem für den Apport (ab S. 47) der Schlüssel zum Erfolg. Sobald Ihr Schützling Ihnen das Apportel hinterherträgt, können Sie ruhig »aus dem Häuschen« sein, den Welpen fröhlich mit »Jaaaaa« loben, in die Hände klatschen und motivieren, zu Ihnen zu kommen und zu tauschen. Ihre Freude über das Finden und Bringen überträgt sich sofort auf Ihren Welpen. Er wird richtig stolz darauf sein, Ihnen das Dummy zu bringen.

- Lernen Sie, den Welpen zu lesen. Weicht Ihr Welpe aus, beispielsweise vor dem Streicheln oder dem Durchschlüpfen in die Halsung (siehe S. 46), nehmen Sie sofort die Hände zurück. Drängen Sie sich nicht auf, sondern motivieren Sie stattdessen den Jungspund, sich Ihnen wieder zu nähern. Vielleicht war der Racker einfach nur unsicher. Dadurch, dass Sie ihn nicht weiter bedrängen oder gar festhalten, fasst der Welpe Vertrauen zu Ihnen. Er kann sich Ihnen erfolgreich mitteilen, und Sie nehmen ihn ernst.

- Passen Sie die Übungen immer dem jeweiligen Alter und Entwicklungsstand Ihres Welpens an und überfordern Sie ihn nicht. Manchmal ist es besser, mehrere Übungen über einen Tag zu verteilen. Beenden Sie die jeweiligen Einheiten immer positiv.

- Nach der Welpenschule gibt es zu Hause für Ihren Schützling eine ordentliche Portion zu fressen aus dem Napf – vorheriges Umherlaufen damit und »Honolulu« rufen nicht vergessen. Danach ab ins Körbchen mit dem kleinen Racker oder in den Schlaf kuscheln. Ruhepausen sind wichtig, außerdem kann der Welpe das Gelernte im Schlaf gut verarbeiten.

- Alles das, was der Racker bei Ihren Rundgängen durchs Revier gelernt hat, findet selbstverständlich auch zu Hause Anwendung. In jedem Kapitel wird daher separat auf die »Umgangsformen« in den eigenen vier Wänden hingewiesen.

- Sprechen Sie mit Ihrer Familie ab, welche Geste für welches Signal konsequent angewendet wird und was der Welpe darf und was nicht. Beispiele, die besprochen werden sollten, bevor der Welpe in seinem neuen Heim ankommt: Darf der Welpe auf das Sofa oder nicht? Darf er in die Küche, oder muss er vor der Schwelle warten (siehe S. 71)? Alle Familienmitglieder müssen an einem Strang ziehen, das gilt auch für die Binärsprache. Kinder denken oft, sie täten dem Welpen etwas Gutes, wenn sie ihn sinnlos mit Futter vollstopfen. Lassen Sie daher die Familie von Anfang an teilhaben an der Hundeschule und binden Sie sie in Aufgaben mit ein – zum Beispiel mit dem gefüllten Futternapf im Garten umherlaufen und »Honolulu« rufen.

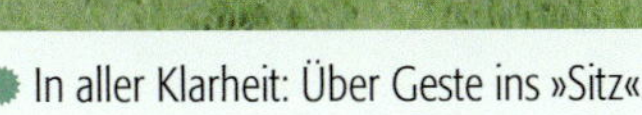
In aller Klarheit: Über Geste ins »Sitz«.

Die Basis erarbeiten

Ihr Welpe ist nicht zu klein für das Welpen-Einmaleins! Legen Sie gleich los – Sie werden sehen, es wird Ihnen und Ihrem Racker gleichermaßen Spaß machen!

Ab der 9. Lebenswoche bis einschließlich 11. Woche

Alles bisher Vermittelte weiter üben, dazu kommen:

- Zeit einplanen
- Binärsprache weiter festigen
- »Sitz«
- »Lauf«
- »Komm«
- Halsung an- und ablegen
- an die Leine gewöhnen
- Ruhe an der Leine
- Apport fördern mit Tauschen
- »Bleib« (am Rucksack)
- »Folge mir nicht«
- Bogenreinheit fördern

- Schnupperkurs für Anfänger

- Strukturen schaffen
- Positive Verknüpfung auf Pfiff, Honolulu-Ruf oder Zunge schnalzen
- Stubenreinheit fördern
- Hundeplatz
- grüner und roter Bereich
- Begegnung mit anderen Hunden

- Wurmbefall

Minimum zwanzig Minuten pro Tag

Es ist es selbstverständlich von Vorteil, wenn Sie sich voll und ganz auf Ihren Schützling konzentrieren können. Das klappt am besten, wenn Sie allein mit Ihrem Welpen die Umgebung oder das Revier erkunden. Diese Zeit sollten Sie sich unbedingt einmal am Tag nehmen – und wenn es nur zwanzig Minuten sind. Der Welpe fixiert sich ausschließlich auf Sie, und Sie können loslegen, ohne durch Telefonklingeln, Arbeit etc. abgelenkt zu werden.

Also: Schnallen Sie sich den Rucksack auf den Rücken, füllen Sie die Taschen mit Leckerchen, und los geht's mit dem Welpen ins Revier auf Entdeckungstour! Richten Sie Ihr Zeitfenster so ein, dass kein Termindruck entsteht.

Die Binärsprache festigen

Mit der Binärsprache hat der Racker ja bereits Bekanntschaft gemacht. Jetzt werden das »Ja« und »Nein« weiter mit folgender Übung vertieft: In der einen Hand halten Sie ein Leckerchen. Strecken Sie die geschlossene Hand mit dem Leckerchen zum Welpen und lassen Sie sie bewinden. Machen Sie die Hand auf – in dem Moment, wenn der Hund das Leckerchen haben will, sagen Sie kurz »Nein« und machen die Hand wieder zu. Dann öffnen Sie sie wieder. Der Welpe wird wieder an die Leckerei kommen wollen – sagen Sie »Nein« und schließen Sie die Hand schnell wieder. Dann öffnen Sie die Hand mit einem freundlichen »Jaaaaa«. Ermuntern Sie den Welpen, falls er noch zögerlich ist, das Leckerchen zu nehmen, und wiederholen Sie in dem Fall das »Jaaaaa«, bis er die Belohnung frisst.

Die Binärsprache lernen: Futter in der geschlossenen Hand vor die Nase des Welpen halten. Julia sagt unfreundlich: »Nein«. Charly darf es sich nicht nehmen und wartet ab.

Dann öffnet Julia die Hand, sagt dabei freundlich »Jaaaaa«. Jetzt darf Charly sich die Belohnung holen – auch wenn er anfangs noch etwas skeptisch guckt.

Beim nächsten Mal klappen Sie wieder die Hand auf, geben jetzt aber sofort durch Ihr freundliches »Jaaaaa« dem Jungspund zu verstehen, dass er sich die Belohnung holen darf. Der Ablauf der Übung ist also immer anders und der Welpe ist dadurch gezwungen, sich auf Ihren Tonfall zu konzentrieren.

Schwierigkeitsgrad etwas erhöhen

Haben Sie schließlich nach ein paar Einheiten das Gefühl, dass Ihr Racker nun deutlich zwischen »Jaaaaa« und »Nein« unterscheiden kann, gestalten Sie das Ganze nun einen Tick schwieriger. Setzen Sie sich auf den Boden und legen Sie ein Leckerchen auf Ihren Oberschenkel, sagen Sie aber im gleichen Moment schroff »Nein«. Kann der Welpe trotzdem nicht widerstehen, legen Sie schnell die Hand darüber und wiederholen in dem Moment das unfreundliche »Nein«. Der Welpe muss sich zurücknehmen. Dann nehmen Sie die Hand weg und fordern ihn mit dem freundlichen »Jaaaaa« auf, das Leckerchen zu fressen. Perfekt ist es natürlich, wenn der Welpe das zuvor ausgesprochene »Nein« aushält, ohne dass Sie schützend die Hand über die Belohnung legen müssen. Geben Sie dann mit dem gut gelaunten »Jaaaaa« das Leckerchen für Ihren Schützling frei.

Viele Varianten = viel Abwechslung

Diese Übung lässt sich unendlich weiter variieren, seien Sie sich aber immer vorher im Klaren darüber, ob Sie den Welpen ermuntern (Ja) oder zur Zurückhaltung (Nein) auffordern wollen. Ehrensache, dass der Racker zum Schluss einer jeden kurzen Übung belohnt wird und er durch das finale »Ja« zu seinem Leckerchen kommt. Diese Übungseinheit können Sie natürlich mehrmals über den Tag verteilen. Klappt es dann inzwischen so gut, dass der Jungspund bei »Nein« das Leckerchen nicht versucht zu bekommen, legen Sie noch ein oder zwei Leckerchen nach dem »Nein« in Ihre Handfläche dazu. Nach ein paar Sekunden fordern Sie den Racker mit dem inzwischen vertrauten freundlichen »Jaaaaa« auf, nun zuzuschlagen. Der Welpe begreift also, dass sich das Zurücknehmen beziehungsweise Abwarten lohnt und dann sogar noch eine Zusatzbelohnung für ihn dabei herausspringt.

TIPP

Suchen Sie sich zum Üben immer wieder ein neues Umfeld. Alle Übungen gelten überall und werden nicht an einem speziellen Ort festgemacht.

Immer ehrlich bleiben

Ärgern Sie den Welpen bitte nicht, indem Sie bei einem freundlichen »Jaaaaa« einfach die Hand schließen und der Racker so nicht mehr an die Belohnung kommen kann. Abgesehen davon, dass das hoffentlich niemand macht, würde es die bis dahin getroffenen Übereinkünfte stark verwischen. Das Resultat: Der Welpe wird unsicher, weil er nun nicht mehr zuordnen kann, ob ein »Jaaaaa« auch wirklich ein »Richtig« ist. Um es auf den Punkt zu bringen: falscher Hundeführer = falscher Hund.

»Sitz«

Auch ein Welpe muss lernen, sich zu setzen und abzuwarten. Wenn sich der Racker ganz zufällig setzt, sagen Sie in dem Moment ein freundliches »Siiiiitz« und geben ihm dafür ein Leckerchen – nutzen Sie die Situation blitzschnell für sich. Doch Achtung: Ihr Schützling bekommt die Belohnung wirklich nur dann, wenn er sitzt. Steht er auf oder springt er gar hoch, geht der Welpe leer aus.

① Futter zwischen Daumen und Zeigefinger und dann von der Nase des Welpen nach oben strecken. Leiten Sie die Bewegung ein, indem Sie sich aus leicht angewinkelten Knien nach oben richten.
② Schon geht Charly ins »Sitz«.
③ Dann die Hand nach unten führen und den Schüler mit Futter belohnen.
④ Julia gibt per Lauf-Geste Charly frei, er darf das »Sitz« auflösen und loslaufen.

TIPP

Verselbstständigt sich der Welpe andauernd, macht er also, was er will, und richtet sich nicht nach Ihnen, muss man die Futtereinheiten aus der Hand füttern. Der Mensch ist der »Wächter« über das Futter und der »Verteiler« – allein deshalb lohnt es sich für den Welpen, in Ihrer Nähe zu bleiben und Kontakt zu halten.

Doch sollten Sie bald darauf das »Sitz« nicht mehr weiter dem Zufall überlassen, sondern mit einer eindeutigen Geste unterlegen. Wie immer wird auch hierbei anfangs mit Futter gearbeitet, weil es für den Jungspund schlichtweg attraktiver ist.

Hält der Welpe sich direkt in Ihrer Nähe auf, beugen Sie sich zu ihm hinunter und lassen ihn Ihre Hand bewinden, in der Sie das Leckerchen zwischen Finger und Daumen halten. Führen Sie dann die Hand mit ausgestrecktem Zeigefinger langsam nach oben – durch die Bewegung der Hand mit dem Leckerchen direkt über dem Hundekopf setzt sich der Welpe automatisch, um den Weg des Futters weiter verfolgen zu können. In dem Moment, wenn der Racker sitzt, geht Ihre Hand wieder herunter und der Welpe bekommt seine Belohnung aus Ihrer Hand (siehe auch Fotoserie S. 39, Zwölf Regeln fürs Welpen-Einmaleins).

Falls er unschlüssig ist, das Futter zu nehmen, bestärken Sie ihn mit dem positiv gesprochenen »Jaaaaa«. Aber Achtung: Lüftet der Jungspund seinen Hintern, bevor er das Leckerchen bekommen hat – löst er also voreilig das »Sitz« auf –, wird die Hand mit dem Futter wieder nach oben gestreckt. Ganz klar, der Welpe bekommt die Belohnung, aber nur wenn er wirklich sitzt. Selbstverständlich können Sie dieses Signal dann auch mit dem freundlich lang gesprochenem »Siiiitz« stimmlich untermalen.

»Lauf«

Sie sind dann auch der derjenige, der den Racker aus dem »Sitz« entlässt. Dafür ist es wichtig, vorher Blickkontakt aufzunehmen. Schaut der Welpe nicht zu Ihnen, schnalzen Sie kurz mit der Zunge – nach dieser Aufforderung wird er sicher zu Ihnen gucken, denn beim Zungeschnalzen gab es bisher ja immer Futter. Es liegt jetzt an Ihnen, ob Sie die Kontaktaufnahme belohnen (mit Futter oder positivem Gesichtsausdruck) oder ob Sie einfach nahtlos zum nächsten Programmpunkt übergehen und den Welpen freigeben. Für dieses »Lauf« beugen Sie Ihren Oberkörper dynamisch nach vorne und strecken dabei die Hand schwungvoll nach vorne aus.

»Komm« durch In-die-Hocke-Gehen

Wenn der Züchter wie zuvor beschrieben entsprechende Vorarbeit für das »Komm« geleistet hat, müssen Sie nur noch dranbleiben und es festigen. Sofern er jedoch Ihrem Wunsch nicht nachgekommen ist, müssen Sie dies zügig aufholen.

Nutzen Sie deshalb die Situation für das »Komm«, wenn Ihr Schützling hinter oder vor Ihnen läuft und Blickkontakt mit Ihnen aufnimmt. Gehen Sie dann schnell in die Hocke und breiten Sie Ihre Arme aus. Ihr Welpe wird Ihnen sofort entgegenstürzen. Freuen Sie sich, rufen Sie mit übertrieben hoher und fröhlicher Stimme »Honolulu« oder seinen Namen. Das gefällt dem kleinen Racker, und er wird noch mehr an Tempo zulegen. Loben Sie ihn, freuen Sie sich mit ihm und tollen Sie mit ihm herum, berühren Sie ihn sanft oder geben Sie ihm ein Leckerchen.

Sie werden sehen, Ihr Welpe wird Sie verstärkt im Auge behalten, um ja nicht zu verpassen, wenn Sie erneut in die Hocke gehen, denn dieses »stillschwei-

(1) Julia hält das Leckerchen in der rechten Hand und mit der linken die Halsung geöffnet.
(2) Charly will ans Futter, streckt seinen Kopf nach vorne und schlüpft wie von selbst durch die Halsung und ergattert die Belohnung.
(3) Toll gemacht!

gende« Signal wird ja nicht vorher lautstark angekündigt. Dieses Zum-Menschen-Laufen ist für ihn zu 100 Prozent positiv, schließlich gibt es Lob – in welcher Form auch immer.

Halsung an- und ablegen

Ist der Hund freudig zu Ihnen gekommen, motivieren Sie ihn dazu, sich mit »Sitz« vor Sie zu setzen. Halten Sie das Halsband mit der linken Hand vor die Nase des Welpen, sodass es wie eine Schlinge vor ihm hin und her baumelt. Dann fahren Sie mit der rechten Hand hindurch. In dieser Hand halten Sie ein Leckerchen. Ermuntern Sie den Welpen mit freundlichem »Jaaaaa«, die Belohnung zu ergattern – dafür muss er nun seinen Kopf durch das Halsband strecken. In dem Moment ziehen Sie die rechte Hand etwas zurück und lassen die linke Hand stehen. Der Welpe wird der rechten Hand mit der Belohnung folgen – schwupps, schlüpft er in die Halsung und bekommt das Futter.

Achtung: Während Sie dem Racker die Halsung auf diese Art und Weise anlegen, sollte er nicht zurückweichen – macht er das, beispielsweise aus Unsicherheit, weichen Sie ebenfalls zurück. Versuchen Sie es dann gleich noch einmal. Da die Halsung positiv verknüpft werden soll, sollten Sie hier entsprechend sensibel reagieren, denn die Berührung von Ihnen soll der Welpe ja als angenehm empfinden. Zum Abnehmen der Halsung verfahren Sie ähnlich. Mit der Sitz-Geste einfach Ihren Schützling ins »Sitz« bringen. Als Belohnung bekommt der Welpe ein Leckerchen, und während des Fressens streifen Sie ihm die Halsung einfach wieder ab. So einfach geht das!

An die Leine gewöhnen

Empfindet der Welpe die Halsung nicht weiter als störend – lässt er sie sich also problemlos an- und abnehmen –, gehen Sie jetzt einen Schritt weiter. Befestigen Sie nun die Leine am Halsband und lassen Sie den Jungspund, wie zuvor beschrieben, in die Halsung hineingleiten – nur mit dem Unterschied, dass jetzt daran der Riemen befestigt ist.

Leine am Boden = Ruhe

Setzen Sie sich, wenn der Jungspund angeleint ist, zu ihm auf den Boden. Dabei liegt die Leine so auf der Erde, dass sie irgendwo bei Ihnen festgeklemmt ist, damit der Welpe nicht mitsamt dem Riemen abzischen kann.

Leine auf dem Boden heißt immer: Ruhe. Lassen Sie den Welpen Körperkontakt mit Ihnen aufnehmen – will er sich von Ihnen entfernen, lassen Sie ihn. Nach ein paar Schritten wird er durch die Führleine, je nachdem wie lang sie ist, in seinem Entdeckerdrang gebremst, und die Leine strafft sich, ist also gespannt. Jetzt muss der Welpe nachdenken und sich etwas einfallen lassen, schließlich ist diese Situation für ihn unangenehm. Prellt er vor, bringt es ihm keinen Zentimeter Bodengewinn. Weicht er zur Seite aus, ohne zurückzusteuern, bleibt der Riemen ebenfalls unter Spannung. Sobald er aber nachgibt, also zu Ihnen zurückweicht, ist der Druck, die Spannung aus der Leine, raus. Der Welpe macht schnell die Erfahrung, dass es also durchaus positiv ist, nachzugeben und Ihre Nähe zu suchen. Sobald er Ihre Nähe wieder verlässt, spannt sich irgendwann die Leine erneut – je nach Reichweite. Der Racker wird schließlich mit der Zeit begreifen, dass er den Riemen durch sein Verhalten steuern kann, er kann ihn spannen und entspannen. Wenn Sie die Übung beenden möchten, stehen Sie auf, treten auf die am Boden ruhende Leine, lassen erneut Ruhe einkehren und geben per bereits etablierter Sitz-Geste das Signal zum »Sitz«. Abschließend lassen Sie den Jungspund aus der Halsung schlüpfen, an der die Leine befestigt bleibt. Lösen Sie zum Schluss das »Sitz« mit der Lauf-Geste auf.

Die Leine liegt auf dem Boden, der Fuß fixiert sie und Charly wartet in Ruhe ab.

Warum ist der Apport so wichtig?

Fördern Sie vom ersten Tag an, dass der Welpe Sie in Besitz von Beute bringt. Das gelingt mit dem inzwischen bewährten Rezept: Der Welpe bringt Ihnen etwas und bekommt im Tausch dafür eine Belohnung, also Futter. So mancher Teckelführer denkt jetzt vielleicht: »Warum soll ich meinem Dackel das Apportieren beibringen, schließlich soll er das ja später bei der Jagd auch nicht, sonst hätte ich mir doch gleich einen Retriever angeschafft!« Das ist leider nicht zu Ende gedacht, denn auch der Teckel soll ja seinen Besitzer in Besitz von Beute bringen, Stichwort Totsuche. Das Apportieren wird daher leider immer noch oft unterschätzt, dabei sind folgende Punkte nicht von der Hand zu weisen:

① Julia lässt das orangefarbene Dummy am Wegesrand fallen. Charly bemerkt den Verlust nicht, deshalb bleibt Julia stehen. Charly stoppt jetzt ebenfalls.
② Der Spaniel orientiert sich zurück, wird durch »Jaaaaa« darin bestärkt.
③ Per Fingerzeig macht Julia ihn auf das verlorene Dummy aufmerksam.
④ Charly schnappt es sich, Julia läuft ein Stückchen weg. Charly muss ihr mit der Beute hinterherrennen. Julias offene Hand zeigt an, wohin das Dummy gehört.
⑤ Nach der Übergabe bekommt Charly im Tausch Futter.
⑥ Die Lauf-Geste verdeutlicht ihm, dass er weiter dem Weg folgen darf.

Der Apport …

- erweitert das Spektrum der Möglichkeiten in Bezug auf die Welpenschule und bringt Abwechslung.
- lässt sich hervorragend in die verschiedenen Abläufe von »Sitz«, »Bleib«, »Komm« etc. einbeziehen.
- bringt den Welpen von klein auf dazu, Herrchen oder Frauchen in Besitz von Beute zu bringen.
- fördert die Teamarbeit und demzufolge das spätere gemeinsame Jagen.
- regt das Denken des Welpen an.

Zutragen fördern

Ihr Welpe wird von Anfang an darin bestärkt, einen Gegenstand zu bringen. Nimmt Ihr Schützling also spontan etwas in den Fang, zum Beispiel eine Socke, sollten Sie ihn sofort spielerisch motivieren, zu Ihnen zu kommen, beispielsweise indem Sie in die Hocke gehen. Natürlich muss der Racker jetzt noch kein »Sitz« machen und dann in die Hand ausgeben – es reicht anfangs vollkommen aus, wenn er Ihnen die Beute zuträgt. Verliert er vor lauter Aufregung die Socke, motivieren Sie ihn dazu, diese erneut aufzunehmen, zeigen Sie darauf, schnipsen Sie dazu und sagen Sie freundlich »Jaaaaa« oder klatschen Sie leicht in die Hände. Seien Sie auf Zack! Die Binärsprache hilft Ihnen dabei, den Jungspund zu lenken. Denken Sie daran: Schnell umschalten zwischen »Ja« und »Nein«! Bringt der Welpe schließlich, loben Sie ihn mit »Jaaaaa«. Halten Sie in der einen Hand bereits das Leckerchen – die Währung für den Tausch –, während die andere Hand längst geöffnet ist, um die Socke zu empfangen. Natürlich kann es passieren, dass der Jungspund den Fund direkt vor Ihnen fallen lässt – weil er bereits die Wittrung der Belohnung wahrgenommen hat. Oder weil alles so aufregend ist! Kein Problem. Motivieren Sie den Welpen erneut, die Fundsache zu bringen (per Fingerzeig oder Schnipsen). Lassen Sie sich die Socke in die geöffnete Hand legen und geben Sie Ihrem Welpen dafür die Belohnung. Ihr Welpe macht früh die wichtige Erfahrung: Es ist toll, Ihnen etwas zuzutragen, und er bekommt sogar Futter dafür!

ACHTUNG

Lässt der Jungspund das Dummy kurz vor Ihnen fallen, motivieren Sie ihn dazu, das Apportel erneut aufzunehmen – zum Beispiel mit Fingerzeig, Schnipsen und dem bestärkenden »Jaaaaa« – und es Ihnen in die Hand zu geben. Sonst gewöhnt er sich an, das Dummy vor Ihnen auszuspucken!

Apportier-Anfänge lenken

Beobachten Sie, welchen Gegenstand der Welpe bevorzugt aufnimmt. Lassen Sie, ohne dass der Racker es mitbekommt, ein Apportel beispielsweise im Garten liegen. Gehen Sie anschließend beiläufig mit Ihrem Welpen daran vorbei und motivieren Sie ihn, es aufzunehmen, Ihnen zuzutragen und zu tauschen. Einige Zeit später lassen Sie ein Dummy mit Fell liegen und wiederholen das Ganze. Oder die Socke. Sie werden schnell herausfinden, welches Dummy beziehungsweise welchen Gegenstand Ihr Welpe besonders reizvoll findet.

TIPP

Hat der Welpe ein Spielzeug, ein Handy oder einen Strumpf zu fassen bekommen und knabbert darauf herum, fordern Sie ihn freundlich auf, zu Ihnen zu kommen und es zu bringen. Tauschen Sie mit ihm gegen Futter und geben Sie ihm ein Knotenseil oder einen Kauknochen – darauf kann und darf er nach Herzenslust herumknabbern. Alles andere ist tabu.

TIPP

Der Rucksack ist die »Höhle«. Hierhin kommt der Mensch zurück, hier gibt es Futter und hier wird gefundene Beute, wie Apportel, gegen Futter getauscht.

Legen Sie dann diesen Favoriten vor dem Reviergang auf dem Weg oder am Wegesrand aus. Auf Ihrer Tour werden Sie mit Ihrem Jungspund – natürlich rein zufällig – darüber stolpern. Motivieren Sie Ihren Schützling wie zuvor beschrieben, das Apportel aufzunehmen und Ihnen zuzutragen. Freuen Sie sich mit ihm über diesen tollen Fund, loben Sie ihn mit dem freundlichen »Jaaaaa« und tauschen Sie sofort die Beute gegen Futter. Packen Sie das Dummy in den Rucksack und weiter geht's.

Verschiedene Dummys verstecken

Natürlich können Sie auch mehrere Dummys verstecken – achten Sie jedoch stets darauf, dass die Apportel in Größe und Gewicht dem Racker zusagen, nicht zu schwer, zu sperrig, zu groß oder zu hart für die noch spitzen Milchzähne sind. Lassen Sie Ihren Welpen während Ihres Reviergangs ruhig verschiedene Gegenstände aufsammeln, die in Form und Haptik unterschiedlich sind, denn das fördert das Mitdenken. Der Welpe lernt, das Apportel richtig zu greifen beziehungsweise festzuhalten, er muss unterscheiden und seinen Griff entsprechend ändern. Das Ergebnis: Er wird nicht hart im Maul.

Den Wind mit einbeziehen

Sie können sich natürlich auch wahlweise gemeinsam mit dem Welpen einem zuvor ausgelegten Dummy gegen den Wind nähern. Damit sensibilisieren Sie die Nase des Jungspunds und fördern das Umschalten – von Sehen auf Riechen, also Witterung aufnehmen.

Das Sachen-Finden soll in in erster Linie Spaß machen, also: Maß halten und nicht übertreiben. Wenn Ihnen der Welpe während Ihrer gemeinsamen Ausflüge andere, für ihn durchaus interessante Fundsachen bringt, zum Beispiel Losung, Pferdeäpfel, tote Mäuse etc., ärgern Sie sich nicht, sondern freuen Sie sich und tauschen Sie die Beute wie immer gegen Futter ein. Sie können sich geschmeichelt fühlen, dass Ihr Racker die tote Maus nicht vor Ihnen sichert, also vergräbt oder gar herunterschlingt, sondern sie mit Ihnen teilt!

»Bleib«

Es gibt immer wieder Situationen, in denen der Welpe in einem von Ihnen definierten Bereich bleiben soll. Dafür lassen Sie Ihren Schützling zu sich kommen und streifen ihm wie gehabt das Halsband über, an dem die Führleine befestigt ist. Nach dem Anleinen lassen Sie die Leine auf den Boden fallen. Das kennt Ihr Welpe bereits und bedeutet Ruhe – wir machen eine Pause. Für das »Bleib« legen Sie jetzt Ihren Rucksack, Ihre Jacke oder Ihren Hut dazu. Der/die auf dem Boden liegende Riemen und Rucksack/Jacke/Hut definiert den grünen Bereich. Grün heißt: Hier darf sich der Welpe aufhalten. Der Welpe soll also am Rucksack bleiben, auch wenn Sie sich etwas weiter weg von ihm entfernen. Damit Sie die Übersicht über den grünen Bereich behalten, sollte er nicht zu groß ausfallen, sondern sich wie ein Ring mit maximal 50 Zentimeter Breite rund um den Rucksack herum legen. Achtung: Es dreht sich jetzt nicht darum, ein »Sitz« zu erzwingen! Ihr Schützling soll sich »nur« in dem von Ihnen vorgegebenen Bereich aufhalten und jetzt zuerst einmal lernen, es zu ertragen, dass Sie sich ein, zwei Schritte von ihm entfernen, ohne dass er nachprellen darf.

① Die Folge-mir-nicht-Geste zeigt an, dass Charly in seinem grünen Bereich bleiben soll.
② Er harrt dort brav aus, ohne nachzuprellen, und wird mit Futter belohnt.
③ Anschließend vergrößert Julia den Abstand zu dem Welpen ein Stückchen.
④ Schließlich kehrt sie wieder zurück zum Rucksack, um das »Bleib« aufzulösen. Fuß auf die Leine stellen und den Rucksack auf den Rücken schwingen.
⑤ Deutlich wird dem Welpen mit der Jetzt-geht's-los-Geste signalisiert, dass die Übung beendet ist.

TIPP

Sie definieren das »Bleib« immer auf ein und dieselbe Art: Welpen anleinen, Leine auf den Boden legen und daneben Rucksack oder Jacke oder Hut drapieren. Leine auf dem Boden + Gegenstand = grüner Bereich = »Bleib«. Dieser grüne Bereich ist für den Jungspund sicher und er weiß, dass Sie immer dorthin zurückkehren.

»Folge mir nicht«

Signalisieren Sie dem Welpen mit der Folge-mir-nicht-Geste (siehe S. 51 Abb. 1), dass er an seinem Platz bleiben soll.

Das restliche Umfeld hinter dem 50-Zentimeter-Ring ist der rote Bereich – hier darf sich der Welpe nicht aufhalten. Sofern er Rucksack und 50-Zentimeter-Ring verlässt, also in den roten Bereich übertritt, steuern Sie den Racker behutsam mithilfe der Leine zurück zum Rucksack in den grünen Bereich. Der Welpe macht die Erfahrung, dass er zwar die Möglichkeit hat, selbst zu wählen, wo er sich aufhält, aber dass die bessere Lösung für ihn ist, am Rucksack, also im grünen Bereich, zu bleiben. Dort ist alles gut, auch wenn er nicht in Ihrer direkten Nähe sein darf.

Loben mit Maß

Hat Ihr Schützling begriffen, dass die Wohlfühlzone der grüne Bereich ist, können Sie den Schwierigkeitsgrad erhöhen. Steigern Sie nach und nach die Distanz und entfernen Sie sich schrittweise, aber immer so, dass Sie für den Welpen gut zu sehen sind. Wie immer liegen Leine und Rucksack auf dem Boden. Legen Sie ein paar Futterbröckchen auf den Rucksack, das unterstützt den Jungspund dabei, an dem Platz zu bleiben. Lassen Sie den Welpen dann zur Ruhe kommen und entfernen Sie sich langsam ein paar Schritte von ihm und dem Rucksack. Sollte der Jungspund nachprellen, vermitteln Sie ihm augenblicklich erneut über die Folge-mir-nicht-Geste und muffigen Gesichtsausdruck, dass er am Rucksack bleiben soll. Weicht der Welpe dann zurück – nimmt sich also zurück –, schalten Sie sofort vom muffigen Gesichtsausdruck auf einen lächelnden um.

Natürlich könn(t)en Sie den Jungspund auch mit einem fröhlichen »Jaaaaa« loben, sobald er sich zum Rucksack orientiert – allerdings laufen Sie bei dem Welpen Gefahr, dass er dann vor lauter Freude zu Ihnen angesprungen kommt und, zack, im roten Bereich ist. Passen Sie sich mit Ihrem Lob also an das Temperament Ihres Schützlings an. Zu viel Lob und Freude könnte ihn aus der Ruhe bringen.

Bei einem quirligen Terrier oder Spaniel reicht ein ruhiges, gedämpftes Lob oder ein Leckerchen am Rucksack als Anerkennung. Verzichten Sie auch darauf, jetzt den Hund am Rucksack zu streicheln oder abzuliebeln. Je ruhiger, unaufgeregter und souveräner Sie sind, umso sicherer wird der Jungspund im grünen Bereich aushalten.

Die Distanz etwas steigern

Überstrapazieren Sie aber seine Bereitschaft nicht, auf Ihre Rückkehr zu warten. Denken Sie daran, der Welpe ist erst ein paar Monate alt! Prellt er vor, steuern Sie ihn sanft mithilfe der Leine an den Rucksack zurück. Anschließend entfernen Sie sich wieder – dieses Mal vielleicht nicht ganz so weit, sondern nur zwei, drei Schritte und kehren dann zum Welpen zurück. Loben Sie ihn mit einem Leckerchen, wenn er die Distanz ausgehalten hat. Beenden Sie mit diesem positiven Schluss die Bleib-Übung, stellen Sie einen Fuß auf die Leine (Ruhe), nehmen Sie den Rucksack auf und lassen Sie sich Zeit, ihn auf Ihren Rücken zu schnallen.

Der Jungspund wird Sie beobachten. Will er loslaufen, kann er dies nur begrenzt – Sie stehen ja mit einem Fuß auf der Leine. Hat sich der Racker wieder beruhigt, einfach den Riemen aufnehmen und mit der Jetzt-geht's-los-Geste (siehe S. 51, Abb. 5) das Signal zum Aufbruch geben.

Immer am Rucksack abholen

Noch eins: Rufen Sie nie Ihren Welpen aus dieser Bleib-Situation (Rucksack + Leine am Boden) ab. Sonst ist der Jungspund stets unter Spannung, weil er ja auf Ihr Signal wartet. Holen Sie ihn deshalb immer direkt vom Rucksack ab, egal wie viele Schritte Sie sich entfernt haben. Der Rucksack ist also immer ein »sicherer« Platz für den Racker, weil er gelernt hat, dass Sie stets zu ihm beziehungsweise dem Rucksack zurückkehren. Das ist später sehr hilfreich – falls Ihr Hund auf einer Jagd abhandenkommen sollte, legen Sie den Rucksack an die Stelle, an der Sie Ihren Azubi zuletzt gesehen haben. Er wird sich auf seiner Spur zurückorientieren und am Rucksack warten, weil er weiß, dass Sie dorthin zurückkehren werden.

Und zu guter Letzt macht es auch überhaupt keinen Sinn, den an der Leine im »Bleib« wartenden Welpen zu sich zu rufen – damit würden Sie alle bisher getroffenen Vereinbarungen über den Haufen werfen und Ihren Schützling stark verunsichern.

Was heißt eigentlich bogenrein?

Ihr Hund soll später bogenrein arbeiten, beispielsweise gezielt eine Wiese oder eine Dickung absuchen. Trifft er dabei auf eine natürliche Grenze, also auf einen Weg oder anderes Gelände wie Wald oder Feld, stößt er nicht weiter in diesen neuen Bereich vor. Er arbeitet den von Ihnen angewiesenen Jagdbogen ab – er ist bogenrein.

Basis für die Bogenreinheit

Bogenreinheit wird dem Welpen nicht »ins Körbchen gelegt«. Achten Sie deshalb vom ersten Tage an darauf, dass Ihr Schützling immer bei Ihnen auf den Wegen bleibt und nicht selbstständig anfängt, die Gegend zu erkunden. Der Weg ist der grüne Bereich – dort, wo Sie marschieren. Das angrenzende Feld oder der Wald sind die roten Bereiche. Sobald der Jungspund seine Pfote dort hinein setzt, geben Sie ein muffiges »Nein!« von sich oder beschäftigen Sie ihn, indem Sie sich interessant machen, beispielsweise ein Apportel auf dem Weg verlieren oder Ihr Tempo beschleunigen. Nimmt der Racker sich dann sofort zurück und achtet wieder auf Sie statt auf das Umfeld, bestärken Sie ihn positiv mit einem freundlichen »Ja«. Das ist der Grundstein für das spätere bogenreine Jagen.

Julia bleibt auf dem Weg und Charly ebenfalls. Es wird kein Exkurs in den Bewuchs unternommen.

Schnupperkurs für Anfänger

Wenn der Züchter auf Zack war, hat er die Welpen seines Frühjahrs- beziehungsweise Sommerwurfs bereits an einen flachen Tümpel herangeführt und sie ihre ersten Erfahrungen mit Wasser sammeln lassen. Wird die Mutterhündin vom Züchter durchs flache Wasser geschleust, wirkt sie oft wie ein Magnet und die Rasselbande watet hinterher – schon sind die Pfoten nass! Je nach Temperament und Anlagen bleibt es nicht dabei…

Bachlauf oder Pfützen durchwaten

Meine Erfahrung mit Terriern und Spaniel hat gezeigt, dass man Welpen gar nicht früh genug ans Wasser gewöhnen kann. Grundvoraussetzungen: Außen- und Wassertemperaturen sollten angenehm warm sein. Ideal ist es, wenn Sie ein flaches Gewässer vor der Haustür haben oder einen flachen ruhig dahinplätschernden Bach, den der Welpe ohne Mühe durchlaufen kann.

Neugierig läuft der Spaniel über den teilweise überspülten Steg – der erste Kontakt mit Seewasser! Es reicht vorerst völlig aus, wenn die Pfoten nass werden. Dabei aufpassen, dass der Welpe nicht vom Steg rutscht!

TIPP

Auch wenn nur die Pfoten und die Bauchlinie nass geworden sind, rubbeln Sie den Welpen sanft mit einem Handtuch ab. Schöner Nebeneffekt: Körpernähe – der Welpe wird es angenehm finden, eine Extraportion in punkto Streicheleinheit zu bekommen. Und wenn er später auf dem Entenstrich zum Einsatz kommt, ist das abschließende Trockenreiben nichts Neues mehr für ihn.

Motivieren Sie den Jungspund, Ihnen einfach nachzukommen. Da er ja sowieso an Ihnen klebt, weil Sie als seine Bezugsperson quasi die Mutterhündin ersetzen, ist dieses Unterfangen keine Hexerei. Wenn Sie einen zweiten, erfahrenen Hund führen, der das Wasser nicht scheut, nehmen Sie ihn mit. Solch ein Begleiter ist Gold wert und wird den eventuell noch zögerlichen Jungspund darin bestärken, einfach hinterherzulaufen. Es sollte die normalste Sache der Welt sein, das Wasser zu queren.

Achten Sie jedoch am Anfang unbedingt darauf, dass der Welpe beim Durchlaufen des Baches immer Grund unter den Pfoten hat. Gehen Sie hier behutsam vor, denn der kleinste Fehler am beziehungsweise im Wasser kann unter Umständen ewiges Meideverhalten des Welpen auslösen. Zügeln Sie sich, erzwingen Sie nichts und haben Sie Geduld. Niemand erwartet, dass der wenige Monate alte Racker schon schwimmt!

Den Tag zu Hause strukturieren

Nehmen Sie sich in der Anfangsphase besonders viel und ausgiebig Zeit für Ihren Schützling. Optimal ist es, wenn Sie jetzt mindestens vier Wochen Urlaub haben. Lassen Sie die ersten paar Tage immer nach dem gleichen Muster ablaufen, und seien Sie für den

Welpen da – das vermittelt dem Neuankömmling Sicherheit und Wohlbefinden.

Morgens sollte der Welpe ausgiebig Zeit haben, sich zu lösen, machen Sie einen kleinen Spaziergang mit ihm und loben Sie ihn, sobald er sein Geschäft verrichtet hat. Denken Sie immer daran, ein paar Leckerchen dabeizuhaben. Gehen Sie zwischendurch immer mal in die Hocke, und sobald der Racker angesaust kommt, loben Sie ihn mit fröhlichem »Honolulu« oder dem Ruf seines Namens und belohnen ihn mit Futter.

Sobald Sie nach Ihrer morgendlichen Runde wieder zu Hause sind, ist Fressenszeit für Ihren Jungspund. Laufen Sie erneut wie bereits beschrieben mit dem vollen Fressnapf in der Hand im Garten umher und lassen Sie sich verfolgen. Rufen Sie zur Aufmunterung wieder das hohe, ausgedehnte »Honolulu« und loben Sie den Welpen, weil er schön Anschluss hält. Dieses Prozedere sollten Sie für die nächsten Wochen bei jeder Fütterung wiederholen. Es fördert das Kontakthalten und die Bindung des Welpen zum Menschen. Schließlich ist der Mensch derjenige, der den Jungspund zum Futter führt und so dessen Überleben sichert.

Dann stellen Sie ihm seinen Napf vor die Nase. Kraulen Sie ihn während des Fressens und geben Sie ihm wieder eine Extraportion in Form von Leckerchen in den Napf dazu. Achten Sie darauf, dass Sie genug füttern. Der Bauch darf ruhig etwas kugelig sein. Während der Racker frisst, pfeifen Sie, rufen »Honolulu« oder schnalzen mit der Zunge.

Futternapf abräumen

Ist der Welpe rundum zufrieden und ist noch etwas Futter im Napf übrig, stellen Sie ihn weg. Der Welpe soll von Beginn an lernen, dass es zu festen Zeiten Futter gibt und dass Sie derjenige sind, der es ihm gibt. Und entzieht. Bleibt die Futterschüssel stattdessen den ganzen Tag über gefüllt stehen, verflüchtigt sich dieser Eindruck. Ihr Schützling bedient sich mit dem Futter, wann er will, weil es ja da ist – vielleicht sogar aus Langeweile.

Ehrensache, dass immer eine volle Schüssel mit frischem Wasser bereitstehen muss.

Das Sich-Lösen fördern

Dann wird der Welpe wieder in seine Ecke in den Garten geleitet und mit »Mach Bächlein« aufgefordert, sich zu lösen. Selbstverständlich können Sie auch noch eine Runde mit ihm spazieren gehen – allerdings nur eine sehr kurze! Überfordern Sie Ihren Schützling nicht, schließlich hat der Welpe bereits einen Gang mit Ihnen hinter sich und ist nun »vollgeludert«.

Hundeplatz

Lassen Sie stattdessen lieber Ruhe einkehren und weisen Sie Ihrem Schützling mit einer Handbewegung inklusive Fingerzeig und einem freundlichen »Hundeplatz« sein Körbchen zu – am besten steht es genau dort, wo auch Sie sich die nächste Stunde aufhalten werden, zum Beispiel im Wohnzimmer, im Arbeitszimmer oder draußen auf der Terrasse. Legen Sie dem Welpen sein Kauseil ins Körbchen dazu. Möglich, dass Ihr Schützling von den morgendlichen Aktivitäten erschöpft ist, sich einrollt und schläft. Sie sollten aber auch damit rechnen, dass er nicht auf dem Hundeplatz bleiben möchte. Da Sie jedoch derjenige sind, der den Takt und den Rhythmus vorgibt und der Hund sich später an Ihre Aktivitäten beziehungsweise Ruhephasen anpassen soll, müssen Sie sich jetzt – erneut – sanft, aber bestimmt durch-

TIPP

Suchen Sie Ihren Schützling regelmäßig nach Zecken ab. Das dient nicht nur seiner Gesundheit, auch die körperliche Nähe zu Ihnen wird er wohltuend empfinden. Wenn Sie trotzdem etwas gegen die Parasiten unternehmen wollen, geben Sie einfach regelmäßig ein paar Tropfen Schwarzkümmelöl ins Futter – das hilft! Vor herkömmlichen Spot-on-Lösungen, Zeckenhalsbändern oder Kautabletten bitte (noch) Abstand halten, der Welpe sollte dafür mindestens drei Monate alt sein.

setzen. Diese Situation ist ja nicht mehr neu für Ihren Racker. Der Hundeplatz ist der grüne Bereich – dort darf sich der Jungspund aufhalten. Alles rundherum ist der rote Bereich. Prellt der Welpe zu Ihnen vor, blocken Sie ihn mit der flachen Hand ab. Weil der Racker die Binärsprache bereits kennt, können Sie auch ein schroffes »Nein«, sagen, das ihm signalisiert, dass sein Nachprellen nicht erwünscht ist. Sollte Ihr Schützling sich trotzdem nicht seinem Schicksal fügen, greifen Sie in die Trickkiste: Lassen Sie den Racker einfach durchs Halsband schlüpfen, an dem die Führleine befestigt ist. Sie ahnen sicher schon, warum?

Charly ist so müde, dass er nach dem Fressen ins Körbchen kippt und sofort in Tiefschlaf fällt.

Die Leine ist der verlängerte Arm

Jetzt können Sie den Welpen mithilfe der Leine sanft auf den Hundeplatz zurücklancieren. Bleiben Sie immer konsequent und freundlich. Erwarten Sie anfangs nicht zu viel Einsicht Ihres Schützlings. Beobachten Sie, wie er sich verhält und wie er reagiert. Achten Sie darauf, im richtigen Moment zu loben oder eben missgestimmt zu sein. Bleibt der Welpe in seinem grünen Bereich, ist die Welt in Ordnung. Dabei darf er aufstehen oder gar das Körbchen ein Stück weit verlassen – wichtig dabei ist, dass er mit einer Hinterpfote im Körbchen stehen bleibt. Lässt er seinen Hundeplatz mitsamt allen vier Pfoten im Stich, sind Sie am Zug. Müssten Sie jetzt den Welpen einfangen oder greifen, wird er schnell handscheu – mit der Leine gelingt es, ihn sanft aber bestimmt zurück in den grünen Bereich zu manövrieren. Sie haben die Situation im Griff.

Volle Aufmerksamkeit

Auch hier ist es also wie immer wichtig, schnell zu reagieren – weicht Ihr Welpe von alleine zurück in den grünen Bereich, müssen Sie ihn nicht zusätzlich per Leine zurücksteuern. Wenn der Racker dann anfängt, das Kauseil anzuknabbern, umso besser. Das macht müde. Knöpft er sich allerdings die Leine vor, sagen Sie ein knappes: »Nein.« Sobald er ablässt, loben Sie ihn mit einem freundlichen »Jaaaaa« und halten ihm dabei das Kauseil unter die Nase.

Sie werden sehen, irgendwann wird Ihr Welpe zur Ruhe kommen. Ihm fehlt es ja auch an nichts – er wurde bewegt, er hat gefressen, geschöpft, sich gelöst. Und: Sie sind da! Lassen Sie sich also hier nicht verunsichern und zwingen Sie Ihren Schützling sanft dazu, Siesta zu halten. Lassen Sie dabei Halsung und Leine am Welpen, das stört ihn nicht weiter. Wenn der Welpe dann schläft, müssen Sie jetzt nicht besondere Rücksicht in Bezug auf Geräusche nehmen. Der kleine Racker soll seine Umgebungsgeräusche wie Telefonklingeln, Radio, Kindergeschrei etc. kennenlernen. Das heißt aber nicht, ihn absichtlich zu erschrecken!

Vom Hundeplatz abholen

Nach dem Schläfchen sind selbstverständlich Sie derjenige, der den Welpen dann von seinem Hundeplatz abholt. Ihr Schützling darf also nicht, selbst wenn eine Stunde vergangen ist, einfach seinen Hundeplatz verlassen. Erst nach Ihrer Aufforderung, wenn Sie beispielsweise Blickkontakt mit ihm haben und in die Hocke gehen und die Arme ausbreiten, ist er erlöst. Sie haben ihn auf den Hundeplatz geschickt, dann sind Sie derjenige, der ihm erlaubt, diesen zu verlassen. Es ist anfangs äußerst wichtig, in der Nähe des Welpen zu bleiben. Denn natürlich muss man auch Rücksicht nehmen – signalisiert der Welpe, dass er nach dem Aufwachen sofort den Hundeplatz verlassen muss, geben Sie ihm durch Pfiff, Honolulu-Ruf oder Zunge schnalzen, zu verstehen, dass er zu Ihnen kommen darf. Machen Sie sich hier keinen unnötigen Stress, indem Sie sich vorher sagen: »Jetzt muss der Welpe aber noch aushalten!« Sie müssen erst einmal begreifen, wie Ihr Neuankömmling beziehungsweise dessen Verdauung tickt. Vielleicht muss der Racker mal vor die Tür?

Begegnung mit anderen Hunden

Charakterlich einwandfreie Hunde dürfen Ihrem Welpen gern begegnen. Haben Sie jedoch Zweifel, leinen Sie Ihren jungen Kameraden in Ruhe an und laufen Sie ruhig und souverän an dem anderen, hoffentlich angeleinten Hund vorbei.

Sollte der andere Vierbeiner jedoch frei laufen und aufdringlich sein, schützen Sie Ihren Welpen, indem Sie den fremden Hund per ausgestrecktem Arm abblocken. Bleiben Sie dabei ruhig und strahlen Sie Sicherheit für Ihren Welpen aus nach dem Motto: Ich schütze dich, ich achte auf dich und ich regle das für dich!

Die Leine, die Nähe und Ihre souveräne Art vermitteln dem Welpen Sicherheit. Irgendwann wird der andere Hund einsehen, dass er bei Ihnen und Ihrem Racker nicht weiterkommt, und verduften.

Pantoffel-Held

Sie sollten übrigens nach den positiven Apportier-Erfahrungen des Welpen im Revier damit rechnen, dass der Racker bei Ihnen zu Hause anfängt aufzuräumen und beispielsweise Ihren Hausschuh in den Fang zu nehmen versucht. Schimpfen Sie nicht, sondern nutzen Sie die Situation, motivieren Sie Ihren Schützling dazu, Ihnen den Pantoffel zu bringen, und tauschen Sie mit Futter. Der Welpe lernt auch zu Hause, dass er vor Ihnen keine Beute in Sicherheit bringen muss – im Gegenteil, er bekommt sogar noch etwas für seinen Fund. Und praktisch ist es außerdem, in dem Fall für Sie!

TIPP

Bevor der Welpe im Garten herumstromert und Dummheiten anstellt, zum Beispiel Äste anknabbert, anfängt zu graben etc., sollten Sie ihn auf seinen Hundeplatz schicken – natürlich unter Ihrer Aufsicht.

Wurmbefall beim Hund

Viele unterschiedliche Wurmarten

Würmer sind beim Hund nichts Ungewöhnliches. Die Parasiten können jedoch zu starken, gesundheitlichen Problemen führen, manche Würmer sind lebensbedrohlich.

Es gibt viele unterschiedliche Wurmarten, zum Beispiel Bandwürmer (Gurkenkern-Bandwurm, Fuchsbandwurm), Rundwürmer (Haken- und Spulwurm) und Herzwürmer. Bis auf die Herzwürmer siedeln sich die meisten ausgewachsenen Würmer im Darm an. Manche Arten befallen jedoch im Larvenstadium auch andere Organe, zum Beispiel Lunge oder Leber.

So kommt Ihr Hund zum Wurm

• Über Kot

Hunde interessieren sich für alle Arten von Kot. Duch Bewinden, Lecken oder Fressen des Kots infizierter anderer Hunde nimmt Ihr Hund Wurmeier auf, zum Beispiel von Spulwürmern. Die Eier gelangen dann in den Darm des Hundes und entwickeln sich dort weiter. Der Spulwurm kann zwischen sieben bis zehn Zentimeter lang werden.

• Über einen Zwischenwirt

Werden mit Bandwürmern infizierte Zwischenwirte, wie Mäuse oder Vögel gefressen, kann sich Ihr Hund ebenfalls anstecken, wie zum Beispiel mit dem lebensbedrohenden Fuchsbandwurm. Die Eier dieses Parasiten können am Fell beziehungsweise Balg eines befallenen verendeten Tieres haften. Der Fuchsbandwurm ist ein Winzling, kommt nur auf drei Millimeter Gesamtlänge.

• Über rohes Fleisch oder Schlachtabfälle

Das Gewebe von rohem Fleisch kann möglicherweise mit Bandwurmmaden durchzogen sein, deshalb sollten Sie es keinesfalls verfüttern. Rohes (Wild-)Schweinfleisch verbietet sich sowieso von selbst – Stichworte Aujeszky'sche Krankheit (Pseudowut) beziehungsweise Trichinenbefall. Ein ausgewachsener Bandwurm kann zwischen 10 und 70 Zentimeter lang werden.

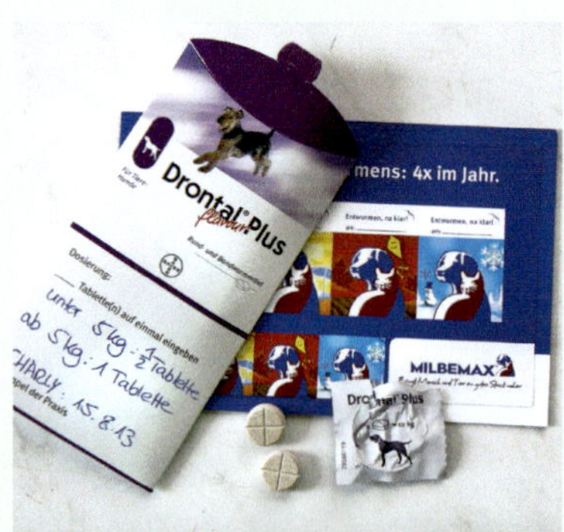

Kombinationspräparate decken verschiedene Wurmarten beim Hund ab. Beim Welpen glit besondere Vorsicht, unbedingt mit dem Tierarzt Rücksprache halten.

• Über Flöhe

Der Gurkenkern-Bandwurm beispielsweise wird durch infizierte Flöhe übertragen, die der Hund bei seiner Fellpflege verschluckt. Der erwachsene Wurm wird bis zu 13 Zentimeter lang.

• Über die Haut

Die Larven von Hakenwürmern durchdringen die Haut und wandern so über auf einen anderen Wirt. Ein Hakenwurm erreicht eine Länge von drei bis vier Zentimetern.

• Über die Mutterhündin auf die Welpen

Hat die Hündin Spulwurmeier beispielsweise über fremden Hundekot verschluckt, entwickeln sich in ihrem Körper Larven. Diese Larven fangen an zu wandern, beispielsweise in die Leber oder Lunge, und schädigen die Organe. Einige der Larven gelangen auch in die Muskulatur. Über das Blut werden sie dann in die Gebärmutter und Milchdrüsen transportiert. Auf diese Weise sind die ungeborenen Welpen im Bauch der Mutter bereits mit Spulwürmern infiziert. Nach der Geburt nehmen die Jungen weitere Larven über die Muttermilch auf. Spulwürmer sehen aus wie weichgekochte Spaghetti und können bis zu 18 Zentimeter lang werden. Übrigens können auch Hakenwürmer über die Hündin auf ihre Welpen weitergegeben werden.

• Über Stechmücken

Bestimmte Moskitoarten können Herzwürmer auf den Hund übertragen. Die über den Stich ins Blut des Hundes übertragene Larve, braucht ungefähr sechs Monate, um in die Lungenarterien zu wandern, ihre Geschlechtsreife zu erlangen und Embryonen im Blut abzulagern. Diese Würmer belagern die in der Lunge anhängenden großen Blutgefäße, der Name Herzwurm ist also etwas irreführend. Der Herzwurm wird zwischen 20 bis 30 Zentimeter lang. Wird der Hund nicht behandelt, stirbt er. Mit Herzwürmern infizierte Stechmücken kommen überwiegend in feuchtwarmen Gebieten vor – also Vorsicht bei der Urlaubsreise nach Südfrankreich, Spanien sowie in die italienische Poebene oder nach Slowenien, Kroatien, Bosnien-Herzegowina, Serbien, Mazedonien, Griechenland etc.

Erkennen eines Wurmbefalls

Es hängt von der jeweiligen Wurmart und dem Alter Ihres Hundes ab, wie sich ein starker Wurmbefall äußert. Mögliche Signale sind:

- Allgemeine Schwäche und Abgeschlagenheit, Gewichtsabnahme, Husten, Erbrechen;
- Ausscheidung von Bandwurmgliedern über den Kot, ähnlich groß wie Reiskörner;
- blutiger Durchfall;
- Blutarmut (Anämie), der Hund ist leistungsschwach, müde und hat blasse Schleimhäute;
- Hautreizungen, fahle, entzündete Hautpartien;
- aufgeblähter, schmerzempfindlicher Bauch beim Welpen;
- der Hund fährt Schlitten, rutscht mit seinem Hinterteil über den Boden. Er kratzt sich am After, weil dort hängen gebliebene Wurmeier Juckreiz verursachen.

Ist Ihr Hund nicht übermäßig von Würmern befallen, bleibt dies meistens unbemerkt. Führen Sie daher regelmäßig Wurmkuren bei Ihrem Welpen durch, das ist auch für Sie und Ihre Familie wichtig, denn Spul- und Bandwürmer können auch auf Menschen übertragen werden. Leider hat die Wurmkur keine vorbeugende Wirkung, deshalb müssen Sie sie beizeiten wiederholen.

Möglichst rechtzeitig vorbeugen

Vermeiden Sie, dass Ihr Hund Kot, rohes Fleisch oder Mäuse, Aas etc. frisst. Ist der Hund ein halbes Jahr alt, reicht es dann normalerweise aus, ihn einmal alle zwei, drei Monaten zu entwurmen. Die Wurmkur sollte möglichst nicht zum gleichen Zeitpunkt durchgeführt werden, an dem auch schon eine Impfung stattfindet, da es den Hund unnötig belasten kann. Leidet der Hund öfter unter Wurmbefall, sollten Sie den Kot regelmäßig von Ihrem Tierarzt untersuchen lassen. Beobachten Sie Ihren Hund – falls er Aas frisst, müssen Sie das verhindern und reglementierend eingreifen! Vergessen Sie nicht, dem Flohbefall vorzubeugen – zum Beispiel mit Anti-Flohhalsbändern – weil eben auch diese winzigen Plagegeister Würmer übertragen können.

Bandwürmern kommt man auch auf die Schliche, wenn Kot und After des Hundes auf reiskorngroße Bandwurmglieder überprüft werden.

Die Basis weiter ausbauen

Die ersten Wochen waren recht happig, es prasselte viel Lernstoff auf Sie und Ihren Welpen ein. Bleiben Sie am Ball, wiederholen Sie die Übungen, festigen und vertiefen Sie das Ganze – es kommt im Moment nicht viel Neues dazu.

Ab der 12. Lebenswoche bis einschließlich 13. Woche

Alles bisher Vermittelte weiterhin üben, dazu kommen:

- »Bleib« unter erschwerten Bedingungen
- »Komm« auf Doppelpfiff
- Autofahrt im Kennel

- Schnupperkurs für Anfänger

- Grenzen einhalten
- »Platz«

EXTRA

- Impfen mit Plan

»Bleib« unter erschwerten Bedingungen

Voraussetzung für eine Schwierigkeitssteigerung des »Bleib« ist natürlich, dass der Welpe inzwischen begriffen hat, dass er das »Bleib« nicht selbstständig auflösen darf und brav an seinem Platz verharrt. Es bieten sich nun folgende Möglichkeiten für Sie und Ihren Schützling:

1. Sie erweitern die Distanz zum Welpen;
2. Sie gehen in ein belebtes Umfeld, wo der Welpe eventuell versucht ist, seinen Platz zu verlassen, weil er abgelenkt wird, beispielsweise in einen Park, in dem mit Spaziergängern zu rechnen ist;
3. Sie integrieren in die Übung einen zweiten Hund.

Und wenn er noch so treu schaut, um das »Bleib« zu festigen, muss man die Distanz zum Welpen mit der Zeit erhöhen.

TIPP

Das »Bleib« festigen Sie, indem Sie den Reiz beim Welpen, den Platz eventuell verlassen zu wollen, erhöhen. Dieses kontrollierte Provozieren gibt Ihnen die Möglichkeit, sofort einzugreifen und den Welpen zu reglementieren. Ihre Signale gelten immer, egal was im Umfeld passiert. Auch später auf der Jagd in Bezug auf Standruhe.

Distanz erweitern

Haben Sie sich anfangs nur ein paar Schritte von Ihrem Schützling entfernt, können Sie ihm jetzt eine etwas weitere Distanz zumuten. Leine plus Rucksack wie immer auf den Boden legen und dem angeleinten Welpen mit der Folge-mir-nicht-Geste verdeutlichen, dass er im »Bleib« warten muss. Halten Sie sich jedoch immer in Sichtweite Ihres Schützlings auf und halten Sie Maß. Übertreiben Sie nicht mit der Entfernung, da Sie eventuell auch reglementierend eingreifen müssen, wenn der Welpe nachprellt. Je mehr Sie sich von ihm entfernt haben, umso länger ist der Weg zurück und Ihre Korrektur verzögert sich unter Umständen entsprechend. Prellt Ihr Welpe vor, signalisieren Sie ihm daher zuerst einmal mit der Folge-mir-nicht-Geste, dass er an seinem Platz zu warten hat. Beeindruckt ihn das nicht und will er trotzdem Anschluss zu Ihnen halten, kehren Sie zu Ihrem Racker zurück und steuern ihn sanft mit der Leine zurück in seinen grünen Bereich. Weicht der Jungspund jedoch bei Ihrem Näherkommen von selbst in den grünen Bereich zurück, bleiben Sie sofort stehen. Ihr Eingreifen ist ja nun nicht mehr notwendig, weil sich Ihr Schützling selbst korrigiert hat. Beobachten Sie ihn – hat er sich in seinem grünen Bereich eingerichtet, kehren Sie dem Welpen den Rücken zu und steigern erneut die Distanz. Harrt er dann geduldig aus, gehen Sie zu ihm zurück und loben ihn, angepasst an sein Temperament – nicht dass er vor Freude den grünen Bereich verlässt. Strahlen Sie daher bei Ihrer Rückkehr Ruhe und Souveränität aus, die wird sich auf den Jungspund übertragen.

Wollen Sie das »Bleib« auflösen, den Fuß auf die Leine positionieren und wie immer zuerst den Rucksack aufnehmen und anschließend den Riemen. Mit der Zunge schnalzen, falls der Racker nicht zu Ihnen schaut, den Oberkörper nach vorne beugen und mit der deutlichen Jetzt geht's-los-Geste den Aufbruch signalisieren.

Mit Ablenkung

Suchen Sie sich ein Umfeld, in dem »Action« angesagt ist, zum Beispiel einen Park. Wählen Sie einen Platz aus, von dem der Welpe sein Umfeld gut beobachten kann und er nicht im Weg ist oder gar stört.

Charly löst das »Bleib« auf, will zu Emma. Jetzt den Welpen per Leine wieder in den grünen Bereich lancieren. Korrigiert er sich aber selbst und weicht dorthin zurück, weil Sie auf ihn zukommen, müssen Sie nicht mehr weiter nachsetzen.

TIPP

Bevor Sie eine Autofahrt mit Ihrem Welpen unternehmen, sollte er Zeit gehabt haben, sich zu lösen. Wenn er dann während der kurzen Fahrt im Kennel anfängt zu fiepen, lassen Sie sich nicht verunsichern: Der Welpe »muss« nicht!

Bleiben Sie am Anfang ruhig in der Nähe Ihres Schützlings stehen, damit Sie sofort eingreifen können, falls er seinen Platz verlassen will. Beobachten Sie, ob er sich auf Sie oder auf das trubelige Umfeld konzentriert. Verlässt der Jungspund den grünen Bereich, weil beispielsweise in seiner Nähe ein Radfahrer an ihm vorbeifährt, korrigieren Sie ihn und nehmen ihn sanft per Leine zurück zum Rucksack. Bleibt er dann an seinem Platz, gehen Sie zu ihm, loben ihn und entfernen sich wieder. Variieren Sie die Übung und schließen Sie sie – wie immer – positiv ab.

Ein anderer Hund kommt dazu

Haben Sie noch einen zweiten Hund »griffbereit«, sollten Sie diesen ebenfalls in die Welpenschule integrieren. Sofern der Welpe im »Bleib« an seinem Rucksack aushalten muss, positioniert man den zweiten Hund in etwas Abstand dazu. Beide müssen natürlich im »Bleib« warten. Behalten Sie die zwei im Blick. Möchte der Welpen zu seinem Kameraden aufschließen, reglementieren Sie dies wie immer notfalls mit Zurückführen über die Leine. Will der Ältere zum Welpen, gestatten Sie dies ebenfalls nicht. Dem Welpen wird so verdeutlicht, dass der andere Hund auch nicht umherspringen kann, wie er möchte. Es beruhigt den kleinen Racker, wenn auch hier die Regeln – nicht nur für ihn – greifen. Bleiben Sie deshalb, egal in welcher Situation, bei beiden Schülern konsequent. Das steigert, ganz nebenbei, Ihre Glaubwürdigkeit.

»Komm« auf Pfiff

Bisher wurde das »Komm« bei Ihrem Welpen mit In-die-Hocke-Gehen und Armeausbreiten, Honolulu-Ruf oder das Rufen seines Namens eingeleitet. Jetzt können Sie auch wahlweise zur Pfeife greifen. Gehen Sie wie gewohnt in die Hocke, breiten Sie die Arme aus und unterlegen Sie die Geste mit dem Doppelpfiff. Wie immer wird der Racker angestürmt kommen und von Ihnen mit Futter belohnt. Der Doppelpfiff wird positiv verknüpft und ist das klare Signal für sofortiges Herankommen.

Das kontrollierte Einsteigen üben

Wenn Sie mit dem Auto ins Revier oder ans Gewässer fahren, ist Ihr Welpe stets in seinem Kennel mit von der Partie. Sofern es sich bei dem Kennel um eine mobile Kunststoff-Transportkiste handelt, sollte diese so befestigt sein, dass sie nicht hin und her rutscht. Wer dagegen einen fest installierten Transportkäfig aus Aluminium im Kofferraum hat, ist hier natürlich auf der sicheren Seite.

Beim Einladen des Welpen achten Sie – unabhängig ob kleine Box oder Transportkäfig – stets darauf, dass der Welpe nicht selbstständig in den Kofferraum hüpft. Manche Hunderassen sind im Hüftbereich anfällig, umso besser, wenn die Kleinen von Anfang an das kontrollierte Einsteigen lernen. Es ist später sehr angenehm, wenn zum Beispiel die dann ausgewachsenen Retriever oder Labradore warten, bis sie beim Einsteigen unterstützt werden. Nehmen Sie deshalb Ihren Jungspund in dieser Phase auf den Arm und heben Sie ihn behutsam in den Kofferraum. Zuvor legen Sie in den Kennel beziehungsweise in den Transportkäfig ein, zwei Leckerchen. Sie werden sehen, ruck, zuck krabbelt der kleine Racker dort hinein. Anschließend die Hundebox schließen, Kofferraumdeckel zu – bereit zur Abfahrt.

Auch eine Möglichkeit, den Welpen ins Auto zu laden:
① Per Fingerzeig dem Racker signalisieren, dass er in den Kennel soll.
② Dann per Handzeichen verdeutlichen, dass er nicht hinaus darf, selbst dann, wenn die Gittertür offen ist und Sie noch das eine oder andere zu verstauen haben.
③ Der Welpe wartet geduldig ab.
④ Ist alles verstaut, Gittertür des Kennels verschließen und den Welpen samt Box ins Auto hineinladen.

Unterwegs mit dem Fahrzeug

Die Fahrgeräusche machen den Welpen mit der Zeit müde beziehungsweise wirken beruhigend auf ihn. Aber natürlich gibt es auch andere Kandidaten, die während der Fahrt jaulen, fiepen, gegen die Box kratzen und anfangen zu kläffen. Stoppen Sie dann in dem Fall das Fahrzeug, weil Sie Ihren Welpen, wie auch immer, zur Ruhe bringen wollen, lernt dieser: Ich mache Rambazamba in der Kiste, das Auto bremst und schon kommt Herrchen oder Frauchen angesaust, um mich zu beachten. Sofern also ein Notfall auszuschließen ist, sollten Sie Ihren Trip kommentarlos fortsetzen, damit Ihr Schützling nicht Sie erzieht!

Ihre ersten Fahrten dosieren Sie möglichst so, dass sie nicht länger als eine Viertelstunde dauern. Hier gilt: Halten Sie möglichst erst dann an, wenn der Welpe sich ruhig verhält.

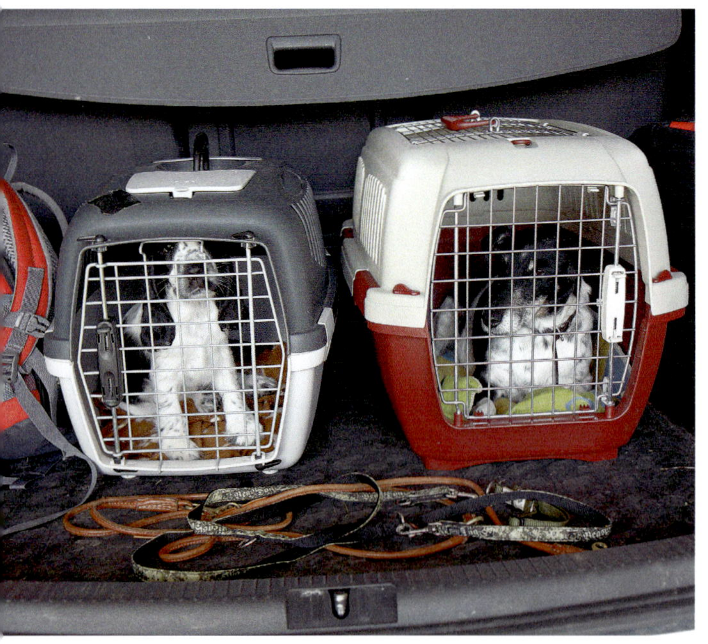

Bereit zur Abfahrt ins Revier. Foxl Emma liegt bereits entspannt im Kennel, während Charly noch angespannt abwartet.

TIPP

Neigt Ihr Welpe dazu, während der Fahrt im Kennel unruhig zu sein, machen Sie vorher einen Ausflug mit ihm. Dann wird er sich zufrieden einrollen und schlafen.

Bei Ruhe: Klappe öffnen

Das Gleiche gilt für das Öffnen des Kofferraums. Machen Sie die Klappe möglichst immer erst dann auf, wenn Ihr Schützling weder fiept noch jault oder gar bellt. Sonst verknüpft er auch hier unter Umständen: Ich mache mich bemerkbar und schon öffnet sich mein »Verlies«.

Hat der Züchter die Rasselbande bereits im Alter von sechs bis acht Wochen im Kennel spazieren gefahren, dürfte es hier eigentlich keine Probleme geben, zumal die Kiste dem Welpen inzwischen als Rückzugsgebiet und Ruheplatz vertraut ist. Sofern der Racker sich jedoch wiederholt während der Autofahrt aufregt, können Sie ihm zur Beschäftigung einen Kauknochen in seine Kiste legen.

Läuft schließlich alles glatt und ist der Welpe ruhig geblieben, öffnen Sie die Heckklappe. Machen Sie anschließend die Kennel- beziehungsweise Transportkäfigtür langsam auf und lassen Sie den Welpen herauskommen. Blocken Sie dann jedoch den Welpen mit der flachen Hand ab, damit er nicht, wie er will, aus dem Kofferraum schießt. Er muss warten, bis Sie ihn herausheben! Schließlich ist das Herunterspringen aus der Höhe ebenfalls nicht gesund für die Knochen des Kleinen. Außerdem ist es später unter Umständen lebensrettend, wenn Ihr Hund so lange im Kofferraum bleibt, bis Sie ihm das Signal per Lauf-Geste geben, diesen zu verlassen – abhängig von der Hunderasse wird der Jungspund für Sie zum Herausheben später eventuell zu groß und zu schwer sein.

Die Geste signalisiert dem Welpen ganz klar: Bleib da!

Anschließend wird er aus dem Auto rausgehoben.

Schnupperkurs für Fortgeschrittene

Ist das Wetter mild und hat das Wasser angenehme Temperaturen, sollten Sie mit Ihrem Welpen häufig ein Gewässer ansteuern, mal einen Teich, mal zum See, zu einem Bach oder einer riesigen Pfütze. Gehen Sie durch das flache Wasser hindurch, lassen Sie dabei für den Welpen ein Dummy sichtig ins Wasser fallen und von Ihrem Racker hinterhertragen. Was an Land klappt, klappt auch im Wasser. Getauscht wird am Ufer.

Es sollte zur Selbstverständlichkeit für Ihren Schützling werden, das Wasser anzunehmen, auch wenn es anfangs nur die Beine und die Bauchlinie sind, die nass werden. Achten Sie darauf, dass Sie beim Wasserqueren keine hohe Welle verursachen, und entwickeln Sie ein Gespür dafür, was Ihr Welpe sich schon traut.

Apport aus dem flachen Wasser

Hat der Welpe keine Scheu mehr vor dem Nass, werfen Sie vom Ufer aus sein Lieblingsapportel kurz vor ihm sichtig ins flache Wasser. Ihr Rucksack liegt als »Tauschplatz« am Uferbereich auf dem Boden. Läuft der Welpe dem Apportel ins Wasser hinterher, trägt es zurück ans Ufer und übergibt es am Rucksack zum Tausch – einwandfrei! Macht er jedoch keine Anstalten, es zu holen – Hosen hochkrempeln. Gehen Sie ins Wasser zum Apportel und holen Sie es mit viel Gejubel und Freude zurück ans Ufer. Sie haben die Beute gesichert! Dann bringen Sie das Dummy zum Rucksack, befördern es dort hinein und werfen ein anderes Dummy ins flache Wasser hinein.

TIPP

Bei Hunden mit großen, schweren Hängeohren, wie beim Spaniel oder Wachtel, sollte man nach dem Schwimmen mit Hilfe von Wattepads (keine Q-Tipps!) die tief sitzenden Gehörgänge sorgfältig trocknen. Deren Belüftung ist eher schlecht als recht, weil die großen, schweren Behänge die Gehörgänge verdecken. Die Folgen, wenn man nicht aufpasst: feuchte Innenohren, in denen sich Milben beziehungsweise Entzündungen ausbreiten.

Seien Sie aktiv dabei!

Will Ihr Azubi immer noch nicht hinterher, waten Sie erneut zum Apportel. Dieses Mal rufen Sie freudig und fröhlich den Welpen mit »Honolulu« oder seinem Namen zu sich, wedeln Sie mit dem Apportel, klatschen Sie damit leicht aufs Wasser und bestärken Sie ihn spielerisch dazu, zu Ihnen ins Flache zu kommen. Mit dem Wasser haben Sie ihn in der vergangenen Zeit vertraut gemacht, das ist ja nicht neu für ihn – Sie werden sehen: Er kommt. Loben Sie ihn mit fröhlichem »Jaaaaa«, kehren Sie mit ihm zurück zum Rucksack und tauschen Sie dort.

Für Spannung sorgen

Eine weitere Alternative, den Apport aus dem Wasser für den Welpen spannender zu gestalten: Bringen Sie Ihren Jungspund am Rucksack ins »Sitz«. Dabei sollte er das zuvor ins flache Wasser ausgelegte, schwimmende Apportel sehen. Dann entfernen Sie sich mit der Folge-mir-nicht-Geste ans Wasser und tun so, als ob Sie das Apportel ganz spannend finden. Beugen Sie sich hinunter zum Dummy und ziehen Sie demonstrativ laut Luft durch Ihre Nase. Ihr Welpe muss weiter im »Bleib« ausharren, auch wenn die Spannung bei ihm steigt, was ja Absicht ist. Dann gehen Sie nach ein paar Sekunden zu dem kleinen Racker zurück und geben ihn endlich mit der Lauf-

① Noch etwas unschlüssig bleibt Charly am Übergang zum Wasser stehen.
② Er hat das Apportel längst gesehen – und nun?
③ Julia, die hinter dem Dummy mit dem Fotoapparat lauert, lockt Charly mit fröhlichem »Honolulu«.
④ Es klappt! Der Spaniel geht ins flache Wasser, packt das Dummy und dreht wieder ab Richtung Ufer.

TIPP

Natürlich ist in solch einer Situation ein zweiter, wasserfreudiger Hund eine große Hilfe. Setzt dieser dazu an, dem Dummy ins Wasser zu folgen, zieht er meistens den Kleinen wie von selbst mit – schließlich kann hier schon der Beuteneid zum Tragen kommen. Sind dann beide Hunde im Wasser, sollten Sie einen zweiten Dummy griffbereit haben, damit jeder der beiden mit Beute zurückkommt. Getauscht wird, wie immer, am Rucksack.

Geste Richtung Dummy frei! Spätestens jetzt wird er das Apportel aus dem flachen Wasser holen. Im Anschluss wird wie immer am Rucksack getauscht und der Welpe mit Futter belohnt.

Ängste überwinden

Hat der Jungspund trotz alledem immer noch Probleme mit dem Annehmen des Wassers, sollten Sie mit der Reizangel weiterarbeiten (siehe S. 112 ff.). Befestigen Sie am Band der Reizangel eine Entenschwinge – die Wildwitterung wird den Welpen mit Sicherheit fesseln – und lassen Sie die Beute vom Ufer aus ins flache Wasser fliehen. Rüden Sie den Racker an, falls er nicht schon von allein losjagt. Klar, dass es hier im Uferbereich nicht steil abwärts gehen darf, sondern der Übergang vom Land ins Gewässer seicht verläuft. Der Jungspund setzt hinterher – lassen Sie ihn dann, sobald er im flachen Wasser ist, die Schwinge packen, damit seine Jagd durch Erfolg belohnt wird. Lassen Sie ihn die weiterhin an der Schnur befestigte Beute apportieren und zu sich an Land tragen. Falls der Welpe mit der Entenschwinge ausbüxen will, ziehen Sie ihn mithilfe der Reizangelschnur sanft zu sich. Tauschen Sie dann die Beute gegen Futter am Rucksack.

Schwingen Sie anschließend erneut die Reizangel, jetzt mit seinem Lieblingsapportel. Lassen Sie den Welpen erneut hinterherjagen, durchs flache Wasser laufen, das Dummy packen und apportieren. Tauschen nicht vergessen!

Beuteneid: Emma holt sich kurzerhand das Taubendummy, während Charly (noch) unschlüssig ist und Emma vom Trockenen aus weiter beobachtet.

Schließlich läuft Charly ins Wasser und schwimmt (!) ihr hinterher. Damit auch er Erfolg hat, jetzt schnell ein Dummy vor ihm ins Wasser fallen lassen.

Aber Achtung: Durch das jetzt stürmische Vorgehen, wird der Welpe geradezu aufgefordert, das Wasser ungestüm zu entern. Hier müssen Sie dann schon bald wieder gegensteuern, schließlich soll der Hund später das Gewässer ruhig annehmen, um Schwimmspuren von Dummy, Enten & Co. nicht zu verwischen. In dieser Phase ist es jedoch zuerst einmal wichtig, so zumindest meine Erfahrung, dem Welpen die Scheu vor dem Wasser zu nehmen.

Abläufe beibehalten

Der Welpe kennt sich inzwischen gut in seinem neuen Zuhause aus und die Tage sind strukturiert. Er bekommt zu den gleichen Tageszeiten sein Futter, mindestens einmal am Tag wird mit ihm ein Ausflug unternommen und das bereits Gelernte vertieft. Sein Kennel ist, ebenso wie der Hundeplatz, seine Ruhezone. Zieht er sich von alleine dorthin zurück, lässt man ihn links liegen und beachtet ihn nicht weiter – das gilt für Erwachsene und Kinder gleichermaßen.

Die Küche ist bei uns eine No-Go-Area

Da der Racker inzwischen auch zwischen grünem und rotem Bereich unterscheiden kann, sollten Sie ihm im Haus seine Zonen aufzeigen, in die er nicht darf. Auch zu Hause lernt der Welpe, dass es Grenzen gibt. Bei uns dürfen die Hunde zum Beispiel nicht in die Küche. Der Türrahmen ist die Grenze. Optimal ist es, wenn im Boden eine sichtbare Unterbrechung verläuft, beispielsweise der Übergang vom Parkett- hin zum Fliesenbereich. Schwieriger wird es, wenn die Fliesen gleichbleibend sind, zum Beispiel beim Übergang von der Diele in die Küche. Hier bildet, wie auf dem Foto rechts zu sehen, die Türzarge die Grenze.

Grenzgänger

Zeigen Sie dem Welpen durch die Folge-mir-nicht-Geste klar an, dass er Ihnen keinesfalls nachprellen darf, sobald Sie diese Linie überschreiten und beispielsweise vom Wohn- in den Küchenbereich gehen. Prellt er jedoch nach, korrigieren Sie sein Verhalten, so wie Sie es beim »Bleib« am Rucksack bereits Dutzende Male mit ihm zuvor geübt haben – allerdings mit dem Unterschied, dass der Jungspund jetzt nicht an der Leine ist, kein Rucksack auf dem Boden liegt und er auch nicht an seinem Platz

Die Hunde dürfen nicht in die Küche und werden per Geste abgeblockt.

TIPP

Familienangehörige, Partner, Kinder & Co. erweisen dem Welpen keinen Gefallen, wenn er bei ihnen beispielsweise in die Küche darf, obwohl Sie ihm vorher demonstrativ gezeigt haben, dass er dort nicht erwünscht ist. Sie haben dann die mangelnde Konsequenz Ihrer Familienmitglieder auszubaden. Umso wichtiger, im Familienrat klar zu definieren, an welche Regeln der Welpe sich im Haus halten soll – und die Familienmitglieder. (Siehe S. 38, 39)

bleiben muss. Er soll nur an der Grenze haltmachen und darf nicht in die Küche übertreten. Es ist ihm jedoch selbstverständlich gestattet, den Platz jederzeit an der Grenze von sich aus zu verlassen – Hauptsache, er läuft nicht in die Küche zu Ihnen.

Lassen Sie die Küchentür daher ruhig offen stehen und lassen Sie sich nicht die Gelegenheit nehmen, Ihrem Racker deutlich zu machen, dass es Bereiche gibt, in denen er einfach unerwünscht ist. Natürlich wäre es einfacher, den Welpen auszusperren und die Tür zu schließen – aber Ihr Jungspund muss ja lernen, dass er selbst bei offener Tür nicht die Küche entern soll.

Konsequent abblocken

Will er Ihnen trotzdem weiterhin durch die offene Tür nacheilen, blocken Sie ihn mit der Folge-mir-nicht-Geste ab und schauen Sie mürrisch. Zeigt er sich unbeeindruckt und prellt weiterhin vor, gehen Sie einen Schritt auf ihn zu und zeigen freundlich mit der Hand hinter die Linie, in den grünen Bereich, wo er sich aufhalten darf. Der Welpe wird sich schließlich dorthin zurückorientieren – nach dem Motto: Der Klügere gibt nach!

Überschreitet der Jungspund jedoch – je nach Charakter und Temperament – nach kurzer Zeit die Grenze abermals und tritt in den roten Bereich über, bleiben Sie konsequent und steuern Sie ihn hinaus.

Bleiben Sie dran!

Natürlich, der Welpe wird in den ersten Tagen immer wieder in den roten Bereich vorstoßen, sei es aus Unachtsamkeit, Unkonzentration oder einfach nur, um zu prüfen, wie tolerant Sie an dem Tag sind – aller Anfang ist schließlich schwer. Zu Ihrem Trost: Nach und nach fallen auch diese Diskussionen kürzer aus, und Ihr Racker freundet sich schließlich mit seinem grünen Bereich vor der Küche an.

Vielleicht wird es ihm auch irgendwann schlichtweg zu anstrengend, immer wieder von Ihnen reglementiert zu werden, und er weicht auf einen neutralen Beobachtungsposten aus – ebenfalls eine gute Entscheidung.

»Platz«

In dem Augenblick, in dem sich der Welpe von selbst ins »Platz« auf den Bauch legt, unterstützen Sie dieses Verhalten mit der Platz-Geste. Einfach Ihre geöffnete, flache Hand über Ihren Kopf heben und in dem Moment, wenn der Welpe sich hinlegt, diese demonstrativ langsam nach unten drücken. Sie übernehmen die Abwärtsbewegung des Hundes mit dieser Geste und sagen dazu in ruhigem Ton »Plaaaatz«.

Fordern Sie dieses »Plaaaatz« (noch) nicht ein, sondern machen Sie den Racker zuerst einmal nur mit Ihrer Geste vertraut. Die benötigen Sie dann später, um Ihrem Jungspund das Hinlegen auf Trillerpfiff (siehe S. 119) zu vermitteln.

Impfen mit Plan

Zwischen der 8. und 10. Woche sollte Ihr Welpe dem Tierarzt vorgestellt werden. Ihr Schützling muss geimpft werden gegen Hepatitis (Leberentzündung durch Virus), Leptospirose (bakterielle Infektionskrankheit), Staupe (hoch ansteckende Viruserkrankung) und Tollwut (tödliche Viruserkrankung).

Sie sollten dieses Impfzeitfenster ruhig etwas ausreizen, denn die Impfungen belasten den Welpen mehr, als man glaubt. Umso besser, wenn er dann ein paar Tage älter ist. Heutzutage empfiehlt mancher Tierarzt, die Impfungen über mehrere Tage zu verteilen. Unten stehend gibt es eine Übersicht über die »klassischen« Impfungen.

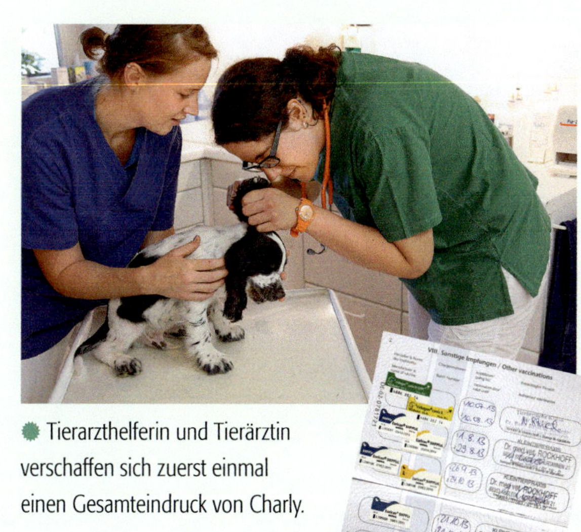

Tierarzthelferin und Tierärztin verschaffen sich zuerst einmal einen Gesamteindruck von Charly.

Impfplan

	Grundimmunisierung		Nachimpfung	Wiederholung
Wirkstoff gegen	6.–8. Woche	8.–10. Woche	11.–14. Woche	
Parvovirose	+		+	jährlich
Zwingerhusten	+		+	jährlich
Hepatitis		+	+	mind. alle 2 Jahre*
Leptospirose		+	+	jährlich
Staupe		+	+	mind. alle 2 Jahre*
Tollwut		+	+	jährlich*

*je nach Impfstoff bzw. Infektionsdruck; Quelle: Der Hundewelpen-Ratgeber

Sicherheit fördern

Das Bringen von Beute ist für Ihren Azubi inzwischen das Selbstverständlichste von der Welt. Doch auch hier können Sie den Ablauf weiter festigen und noch verfeinern. Außerdem wartet jetzt eine neue Herausforderung auf Ihren Welpen: Ruhe bewahren bei Stallkaninchen & Co.

Ab der 14. Lebenswoche bis einschließlich 16. Woche

Alles bisher Vermittelte weiter üben, dazu kommen:

- Auf Schritt und Tritt folgen
- Apport über eine längere Strecke
- Einweisen
- »Ja« und »Nein« unter erschwerten Bedingungen
- Leinenführigkeit mit Stop-and-go und »Sitz«
- »Platz« auf Geste
- »Komm« auf Doppelpfiff

- Seepferdchen

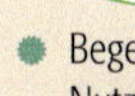

- Begegnung mit Haus- und Nutztieren
- Fressen mit Disziplin
- Für kurze Zeit alleine lassen

- Ernährung des Hundes

Auf Schritt und Tritt folgen

Achten Sie weiterhin darauf, dass nicht Sie dem Racker hinterherlaufen, sondern er Ihnen. Deshalb haben Sie immer Futter dabei, schließlich ist der Welpe seiner Mutterhündin auch nur gefolgt, weil er sich an der Milchbar bedienen durfte und das sein Überleben gesichert hat. Fördern Sie weiterhin dieses Auf-Schritt-und-Tritt-Folgen, zum Beispiel sobald der Racker in Ihrer unmittelbaren Nähe ist und bei Ihnen bleiben soll – die Vorstufe zum späteren freien Bei-Fuß-Gehen. Damit der Racker Blickkontakt zu Ihnen aufnimmt, schnalzen Sie mit der Zunge. Schaut er zu Ihnen, klopfen Sie aufmunternd an Ihren Oberschenkel, dass der Welpe dicht bei Ihnen bleiben soll, und schon geht's gemeinsam weiter vorwärts. Loben Sie ihn, wenn er auf Ihrer Höhe bleibt mit freundlichem »Jaaaaa«. Ändern Sie anschließend Ihre Geschwindigkeit – machen Sie aus dem »an den Hacken kleben« ein spannendes Erlebnis. Mal gehen Sie schnell, mal langsam, mal geradeaus und mal rechts und links. Schweift der Jungspund von Ihrer Seite ab, mit der Zunge schnalzen, damit er wieder Kontakt hält. Prellt er vor, machen Sie just in dem Moment eine Kehrtwende.

Den Apport kann man auch mit der Leine absichern. Dann kann sich der Welpe mit der Beute, in dem Fall einem Schlüssebund, nicht entziehen.

Seien Sie mit Spaß dabei, das überträgt sich auch auf Ihren Schützling. Sie werden sehen, er wird Ihnen hinterhereilen. In dem Augenblick, wenn der Jungspund Kontakt hält, bestärken Sie ihn weiterhin, indem Sie ihn mit freundlichem »Jaaaaa« loben und an Ihren Oberschenkel klopfen. Ist er nicht bei der Sache, sorgen Sie dafür, dass er Blickkontakt mit Ihnen aufnimmt (mit der Zunge schnalzen), und motivieren Sie ihn, bei Ihnen zu bleiben. Drehen Sie sich, laufen Sie oder schleichen Sie – lassen Sie sich etwas einfallen! Natürlich können Sie zwischendurch auch mal ein Apportel verlieren und es den Welpen apportieren lassen.

Wenn die Auf-Schritt-und-Tritt-folgen-Übung zu Ende sein soll, lassen Sie den Jungspund »Sitz« machen – mit Körperstreckung inklusive Zeigefinger nach oben recken – und geben Sie ihn anschließend mit der Lauf-Geste frei. Oder aber Sie gehen in die Hocke, liebeln den Welpen ab und entlassen ihn anschließend mit der Lauf-Geste.

Das Zutragen verlängern

Der Jungspund bringt Ihnen freudig alles, was Sie verlieren, ob Apportel, Kappe oder Hausschuh. Jetzt verlängern Sie das Zutragen, indem Sie sich, sobald der Welpe die Beute aufgenommen hat, von ihm im Laufschritt entfernen. Die Kunst dabei ist, wegzulaufen und den kleinen Racker gleichzeitig dabei zu motivieren, Ihnen zu folgen. Also: Apportel so fallen lassen, dass der Jungspund es mitbekommt. Dann geben Sie Fersengeld, drehen sich nach ein paar Metern um, gehen leicht in die Hocke und klatschen in die Hände – Sie werden sehen, der Racker wird sofort angewetzt kommen. Hoffentlich mit der Beute!

① Julia lässt das Taubendummy auf dem Weg fallen, Charly nimmt es sofort auf.
② Nun läuft Julia davon, Charly hält Anschluss …
③ … und trägt ihr die Beute hinterher.
④ Schließlich bleibt Julia stehen, Charly gibt das Dummy brav ab und bekommt dafür im Tausch Futter.

Falls er sie nicht aufgesammelt hat oder unterwegs fallen gelassen hat, eilen Sie mit ihm gemeinsam zum Dummy zurück. Zeigen Sie darauf inklusive Fingerschnippsen und animieren Sie den Racker, es aufzunehmen. Hat er es im Fang, laufen Sie wieder ein Stückchen von ihm weg, am besten rückwärts, um ihn besser beobachten zu können. Gibt der Welpe Gas – mit dem Apportel im Fang –, drosseln Sie Ihr Tempo, damit der Jungspund förmlich in Sie hineinlaufen muss. Strecken Sie gleichzeitig die Hand zum Tausch aus – nehmen Sie ihm die Beute ab und geben Sie ihm dafür im Gegenzug Futter. Auch hier fordern Sie vom Jungspund noch kein »Sitz« ein.

Sie werden sehen – je öfter Sie die Übung wiederholen, umso besser klappt es bei Ihrem Welpen mit dem Aufnehmen, Hinterherlaufen und Hinterhertragen. Achten Sie aber darauf, dass das Üben nicht zu eintönig wird, und »mischen« Sie die zu apportierenden Gegenstände – mal ist es Ihre Kappe, mal das Dummy, mal der Schlüsselbund und mal das Halsband.

Das erste Einweisen

Lassen Sie den Racker am Rucksack im »Bleib« zurück. Er sollte jetzt sicher in seinem grünen Bereich, aushalten und muss dafür jetzt auch nicht mehr angeleint sein. Dann entfernen Sie sich in Sichtweite von dem am Rucksack wartenden Jungspund und verteilen in ein paar Meter Entfernung ein paar Dummys. Je nach Geländebeschaffenheit können Sie diese auch für ihn sichtig auswerfen. Achten Sie jedoch darauf, dass die Dummys in einem Bogen bleiben, beispielsweise auf einer Grasfläche, die durch Platten abgegrenzt ist.

Dann gehen Sie zurück zu Ihrem Welpen und geben ihn mit der Lauf-Geste frei. Dabei zeigen Sie bereits mit Ihrem Arm beziehungsweise der Hand in die Richtung, in die er suchen soll. Sie bestimmen von vornherein die einzuschlagende Richtung und somit, welchen Dummy er zuerst bringen soll. Achten Sie darauf, dass der Welpe während seiner Suche den Blickkontakt zu Ihnen findet. Zeigen Sie just in dem Moment genau in die Richtung, die er einschlagen soll.

TIPP

Sie können auch selbst das Dummy holen. Das erhöht bei dem Jungspund die Spannung nach dem Motto: »Wann darf ich apportieren?« Außerdem fördert es das Zurücknehmen. Gehen Sie dafür zum am Rucksack wartenden Racker und zeigen Sie ihm deutlich mit der Folge-mir-nicht-Geste, dass er Ihnen nicht hinterherprellen darf. Laufen Sie zum zuvor ausgelegten Apportel, sammeln Sie es auf und legen Sie es am Rucksack ab. Belohnen Sie den wartenden Welpen mit Futter. Es ist jedoch durchaus möglich, dass der Azubi das Futter nicht nimmt, weil er zu angespannt ist.

Laufen Sie mit, unterstützen Sie Ihren Schützling bei seiner Suche. Wird der Jungspund fündig, bestätigen Sie ihn mit einem lauten, fröhlichen »Jaaaaa« beim Aufnehmen und laufen gemeinsam mit ihm zurück zum Rucksack. Hier wird mit Futter getauscht, das Apportel im Rucksack verstaut und anschließend aufs Neue gesucht – nach dem gleichen Muster wie eben beschrieben.

Der Welpe lernt, zu suchen und sich dabei an Ihnen zu orientieren, weil Sie ihm die nötige Hilfestellung geben. Sie zeigen ihm deutlich an, wo die Beute sich »drückt«. Das stärkt den Teamgeist. Selbstverständlich können Sie in diese ersten Suchen auch den Wind mit einbeziehen und so die Nasenleistung des Rackers weiter fördern.

① Julia verteilt verschiedene Gegenstände, während Charly am Rucksack um die Ecke wartet.
② Dann holt sie Charly dort ab.
③ Julia lockt Charly zu sich.
④ Ihre Körperspannung signalisiert dem Spaniel, dass gleich etwas Aufregendes passiert.
⑤ Julia zeigt ihm, wo er fündig wird.
⑥ Beute aufnehmen und ab zum Rucksack.
⑦ Dort wird getauscht, dann wird weitergesucht.

① Julia legt zwei Leckerchen auf den Boden und sagt gleichzeitig ein scharfes »Nein«. Charly hält sich zurück, dann legt Julia noch ein drittes Futterbröckchen dazu.

② »Nein« ist »Nein«, der Spaniel widersteht und wartet ab.

③ Endlich kommt das freundliche »Jaaaaa«.

④ Das lässt Charly sich nicht zweimal sagen.

Vor der Nase

Bisher haben Sie das »Ja« und »Nein« mit Futter aus der Hand geübt, jetzt servieren Sie dem Welpen die zu erwartende Belohnung vor die Nase. Legen Sie ein Futterbrocken auf den Boden direkt vor den Welpen. Sagen Sie im gleichen Atemzug »Nein«, damit der Racker weiß, dass er sich zurückhalten soll. Warten Sie ein paar Sekunden und fordern Sie den Jungspund dann mit einem langen, freundlichen »Jaaaaa« dazu auf, die Leckerei zu nehmen.

Dann legen Sie erneut ein Leckerchen auf die Erde vor den Welpen. Will er es sich nehmen, sagen Sie wieder missmutig »Nein«. Dann platzieren Sie noch ein zweites und ein drittes und eventuell viertes dazu. Will der Welpe die Leckerei aufnehmen, sagen Sie erneut scharf »Nein«. Nimmt er sich zurück, warten Sie noch ein, zwei Sekunden ab, sagen dann, wenn alle Leckerchen ausgelegt sind, ein freundliches »Jaaaaa« und geben ihm damit die Erlaubnis, das Futter aufzunehmen. Toll! Es hat sich wieder einmal für den Jungspund ausgezahlt, sich zurückzuhalten. Auch hier sind übrigens unzählige Varianten möglich. Und: Bringen Sie Abwechslung hinein!

An der Leine

Die Leine ist für den Jungspund längst keine Unbekannte mehr, weil sie permanent in das Welpen-Einmaleins mit einfließt – zum Beispiel zur Verstärkung des »Bleib« am Rucksack.

Erinnern Sie sich an die Übung, bei der die Leine am Boden lag und Sie daneben saßen (siehe S. 47)? Der Racker hat also inzwischen mitbekommen, dass die Leine ihn in seinem Bewegungsspielraum einschränkt, ihm Grenzen aufzeigt. Eventuell beginnt Ihrem Welpen schon zu dämmern, dass er durch sein Verhalten die Leinen spannen und entspannen kann.

TIPP

An der Leine zu laufen macht Spaß! Vermitteln Sie das Ihrem Racker und arbeiten Sie mittels übertriebener, deutlicher Körpersignalen. Geben Sie dem Welpen immer die Chance mitzukommen und ziehen Sie ihn nicht hinter sich her.

Riemen lang lassen

Doch bevor es jetzt in dem Fach Leinenführigkeit losgeht, lassen Sie den Welpen über die inzwischen etablierte Geste »Sitz« machen und ihn in die Halsung mit der daran befestigten Führleine hineinschlüpfen. Löst der Welpe sein »Sitz« zu früh eigenständig auf, fordern Sie es erneut von ihm durch die bekannte Geste ein – schließlich soll der Racker so lange im »Sitz« bleiben, bis Sie mit ihm gemeinsam losmarschieren. Für diesen Aufbruch benötigt Ihr Schützling jedoch erneut ein eindeutiges Signal: Schnalzen Sie mit der Zunge, damit er Blickkontakt mit Ihnen aufnimmt, und beugen Sie Ihren Oberkörper leicht vor in die Richtung, in die es gehen soll – genau, das ist die bereits bekannte Jetzt-geht's-los-Geste.

Halten Sie bei der Leinenführigkeitsübung die Führleine stets lang, damit der Welpe genügend Zeit hat, sich auf Sie und Ihre Richtungsvorgabe inklusive Schritttempo einzustellen. Denn je kürzer Sie den Riemen fassen, umso schneller muss der Jungspund auf Ihre Schrittgeschwindigkeit, Ihren Richtungswechsel und Ihre Drehung reagieren. Weil der Azubi jedoch Neuland betritt und auf viele Dinge gleichzeitig achten soll, müssen Sie auch hier Rücksicht nehmen. Sonst ist Ihr Welpe schnell gestresst und frustriert. Denken Sie daran, Ihr Azubi ist erst ein paar Monate alt – daher sollten Sie ihm den langen Führriemen und damit das Mehr an Reaktionszeit erst recht zugestehen. Wer mit Spaß und Freude lernt, der begreift schneller.

① Mit der Zunge schnalzen, schon schaut Charly zu Julia und los geht's!
② Doch nach ein paar Meter streikt der Welpe, will nicht so wie die »Chefin«. Julia wartet einfach ab, nimmt die Spannung nicht aus der Leine.
③ Da der Welpe sich nicht zu helfen weiß, schnalzt Julia erneut mit der Zunge und zeigt positiv gestimmt, wohin es gehen soll. Schon kommt Charly angesprungen.
④ Jetzt einfach weiterlaufen!

Richtungswechsel wie in Zeitlupe

Bleibt der Jungspund bei der Leinenführigkeitsübung auf Ihrer Höhe, umso besser: Zeigen Sie die Richtungswechsel und Drehungen deutlich per Körpersprache an – wie in Zeitlupe – und vollführen Sie diese so, dass der Welpe immer gut mithalten kann. Schaut er woanders hin, schnalzen Sie mit der Zunge und leiten einen Richtungswechsel ein, sobald er zu Ihnen sieht. Bereiten Sie ihn deutlich mit Signalen beziehungsweise Gesten auf den bevorstehenden Tempo- oder Richtungswechsel vor. Der Racker wiederum darf keinesfalls vorprellen. Wenn er das versucht, bleiben Sie einfach stehen. Die Leine spannt sich und Sie warten so lange, bis der Welpe zu Ihnen schaut, und gehen anschließend langsam mit deutlicher Körpergeste in die entgegengesetzte Richtung.

Dreht er sich jedoch auch nach einer längeren Wartezeit an dem gespannten Riemen nicht zu Ihnen herum, können Sie ihm aus der Klemme heraushelfen, indem Sie mit der Zunge schnalzen. Der Welpe wird Blickkontakt aufnehmen, und in dem Moment zeigen Sie ihm deutlich an (Bild 3), wohin die Reise geht. Unterstützen Sie Ihren Schützling jederzeit dabei, sich am Riemen zurechtzufinden. Seien Sie nicht genervt, sondern bleiben Sie geduldig und freundlich gestimmt. Dem Welpen wird es irgendwann langsam dämmern, dass es sich lohnt, Sie im Blick zu behalten und sich an Sie zu koppeln. Sie sind derjenige, der sanft, aber bestimmt die Richtung vorgibt, nicht der Jungspund!

Stoppen und Gehen plus Ruheübung

Sofern Sie stoppen möchten, müssen Sie dieses Manöver vorher mit kürzer werdenden Trippelschritten einleiten. Anschließend treten Sie noch ein paar Mal auf der Stelle umher, bis Sie schließlich ruhig stehenbleiben. Der Jungspund hat somit eine gute Chance, sich Ihrem reduzierten Tempo anzupassen, weil er diese fließende Verzögerung mitbekommt. Hat der Racker das verzögerte Stoppen trotz Ihrer Trippelschritt-Einlage verpasst und prellt vor, sodass sich der Riemen spannt, bleiben Sie einfach weiter stehen, lassen die Leine auf den Boden fallen und stellen Ihren Fuß darauf. Dieses Manöver kennt Ihr Welpe ja bereits und signalisiert nichts anderes als: Ruhe.

Fängt der Jungspund nach einiger Zeit an zu winseln, zu fiepen oder zu zerren oder gar in die Leine zu beißen, ignorieren Sie dieses Verhalten. Verkneifen Sie sich jetzt, ihn anzuschauen, mit ihm zu reden, ihn gar zu streicheln, zu füttern oder, oder, oder. Schauen Sie einfach demonstrativ weg von ihm und strahlen Sie Ruhe und Gelassenheit aus. Je entspannter und souveräner Sie sind, umso ruhiger wird ihr Schützling und stellt irgendwann die »Revolte« ein.

Wo Sie laufen, ist vorne!

Es ist also nicht der Welpe, der bestimmt, wann es weitergeht, sondern Sie! Deshalb ist entscheidend, erst dann wieder die Leine vom Boden aufzuheben, wenn der Jungspund sich beruhigt hat. Warum?

TIPP

Wenn Sie später mit Ihrem angeleinten Hund gemeinsam unterwegs sind und Sie beispielsweise mit einem Spaziergänger einen Plausch halten wollen, gibt es nichts Nervigeres als einen am Riemen zerrenden, fiependen Hund. Also: Leine auf den Boden fallen lassen, Fuß daraufstellen und den Hund nicht weiter beachten.

Winselt der Welpe in dem Augenblick, wenn Sie den Riemen vom Boden aufnehmen, ist es durchaus möglich, dass er sich merkt: Fiepen heißt, dass die Leine aufgehoben wird und es los geht. Spielt sich dieses Szenario dann öfter hintereinander ab, festigt sich unter Umständen dieser Trugschluss bei Ihrem Racker mit dem Ergebnis: Ich muss nur lang genug fiepen, dann wird die Leine aufgehoben und wir setzen unseren Weg fort.

Also: Erst dann wieder losmarschieren, wenn der Welpe sich zuvor entspannt hat. Dafür muss er übrigens kein »Sitz« machen, sondern einfach nur zur Ruhe kommen. Sofern Sie weiterlaufen wollen, heben Sie einfach die Leine auf, schnalzen dann kurz mit der Zunge – falls der Racker nicht schon längst Blickkontakt mit Ihnen aufgenommen hat – und marschieren langsam weiter, natürlich mit der eindeutigen Jetzt-geht's-los-Geste.

Leine gibt Sicherheit

Der Welpe lernt, dass er sich durch das Angeleintsein einem Konflikt stellen muss. Außerdem lernt er es zu schätzen, dass er durch die Leine mit Ihnen verbunden ist. Da Sie jede Situation souverän beherrschen, geben Sie dem angeleinten Welpen Sicherheit. Er steht unter Ihrem Schutz.

Die Katze hinter dem Zaun beeindruckt den Welpen (noch).

Tempo- und Richtungswechsel einplanen

Je besser sich Ihr Welpe auf Sie einstellt, Sie beobachtet, sich auf Sie und Ihre Körpersignale konzentriert und orientiert, umso lockerer und entspannter kann er mit Ihnen an der Leine mitlaufen. Und das Beste daran: Das klappt alles hervorragend ganz ohne Worte. Je weniger Sie sprechen und mit der Zunge schnalzen (müssen), umso stärker muss sich Ihr Schützling auf Sie und Ihre Körpersignale konzentrieren – Stichwort Kontakt halten. Achten Sie stets darauf, dass die Führleine nicht kurz gehalten wird.

»Sitz« über Geste an der Leine

Bis jetzt durfte der Welpe während der Übung: Leine auf dem Boden = Ruhe immer selbst entscheiden, ob er einfach neben Ihnen stehen bleibt, sich setzt oder entspannt hinlegt. Je nach Alter und Lernfortschritt des Welpen können Sie nun einen Schritt weiter gehen. Der Jungspund soll, sobald Sie stoppen, ins »Sitz« gehen.

Leiten Sie das Anhalten wie gewohnt mit Trippelschritten ein – Blickkontakt durch Zungeschnalzen fördern – und gehen Sie dann leicht in die Knie. Strecken Sie anschließend Ihren Körper demonstrativ nach oben – wie beim »Sitz« ohne Leine (siehe S. 39). Sollte Ihr Schützling trotzdem nicht wissen, was er jetzt tun soll, kommt von Ihnen der sanfte

Aufwärtszug per Riemen dazu. Wichtig ist, dass Sie den Riemen so unter Spannung halten, dass es für Ihren Schützling zwar unangenehm, aber nicht unerträglich ist und er gar mit den Vorderpfoten in der Luft hängt. Der Zug ist von Anfang an gleichbleibend und es wird am Riemen nicht geruckt. Er bleibt so lange unter Spannung, bis der Welpe sich nach einigen langen Sekunden setzt.

Exakt in dem Moment geben Sie sofort nach und lassen die Leine anfangs auf den Boden fallen. Dies ist ein deutlicher Hinweis für Ihren Racker: Durch sein sich Setzen, sein Nachgeben, weicht der Druck und die Leine geht zu Boden. Somit hat der Jungspund erneut durch Nachgeben die Spannung aus dem Riemen genommen – eine wichtige Erfahrung für ihn.

TIPP

Eine weitere Variante, die Spannung aus der Leine zu nehmen, sobald der Welpe sitzt: den Riemen einfach locker durchhängen lassen. Die Leine muss also nicht immer zwangsläufig auf den Boden fallen gelassen werden.

Julia leitet für Charly das »Sitz« an der Leine ein, indem sie langsamer geht, kleine Trippelschritte absolviert, dann auf der Stelle tritt und schließlich stehen bleibt.

Das leichte In-die-Knie-Gehen hat Charly nicht mitbekommen, daher zieht Julia die Leine leicht nach oben. Schon sitzt der Spaniel! Jetzt sofort den Riemen auf den Boden fallen lassen.

Wenn Sie weiter marschieren wollen, einfach die Leine aufheben, den Welpen motivieren, mit Ihnen Blickkontakt aufzunehmen (Zunge schnalzen) und dann mit der Jetzt-geht's-los-Geste Ihren Gang fortsetzen. Sie werden sehen, schon bald reicht nach dem Stoppen (Trippeleinlage, anhalten und in die Knie gehen mit anschließender Streckung) ein zaghafter Zug an der Leine nach oben vollkommen aus und schon ist Ihr Racker im »Sitz«. Der sanfte Aufwärtszug durch den Riemen wird dann eines Tages gar nicht mehr nötig sein. Passen Sie bitte das Tempo dieser Bewegungsabläufe immer dem jeweiligen Lernfortschritt Ihres Welpen an.

»Platz« auf Geste

Bisher haben Sie das spontane Hinlegen des Welpen per Handbewegung nach unten unterstützt (siehe S. 72). Jetzt überlassen Sie das »Platz« Ihres Rackers nicht weiter dem Zufall, sondern Sie fordern es von ihm ab – am besten, wenn der Welpe sich direkt vor Ihnen befindet. Schnalzen Sie mit der Zunge, damit der Jungspund Blickkontakt mit Ihnen aufnimmt. Schaut er zu Ihnen, heben Sie Ihre Hand mit geöffneter Handfläche über Ihren Kopf und drücken sie demonstrativ langsam nach unten. Sagen Sie ganz ruhig: »Plaaaatz!« Begreift der Welpe nicht, was Sie von ihm wollen, klemmen Sie ein Leckerchen zwischen die Finger der ausgestreckten Hand und wiederholen Sie die Geste noch einmal. Beugen Sie dabei Ihren Oberkörper so weit nach unten, dass die Hand schließlich kurz vor der Nase Ihres Welpen auf den Boden kommt. Der Jungspund wird der Wittrung des Futters folgen und sich hinlegen. Falls nicht, drücken Sie ihn sanft mit einer Hand nach unten. Sobald er liegt, belohnen Sie ihn mit Futter. Dann holen Sie den Azubi aus der Liegeposition ab, indem Sie beispielsweise an Ihren Oberschenkel klopfen. Dabei halten Sie sich direkt in seiner unmittelbaren Nähe auf. Rufen Sie ihn keinesfalls ab, denn später werden Sie ihn auch immer direkt an seinem Platz abholen. Sonst fiebert er bei Ihrem Weggehen nur Ihrem Pfiff oder Ruf entgegen und ist entsprechend erwartungsvoll und angespannt.

TIPP

»Platz« auf Geste kann den einen oder anderen sensiblen Welpen in diesem Alter eventuell einschüchtern. Haben Sie auch nur die geringsten Bedenken, hören Sie auf Ihr Bauchgefühl und wenden Sie diese Übung einfach ein paar Wochen später an. Meine Erfahrung mit den Terriern und auch dem Spaniel hat gezeigt, dass es in diesem Alter bereits klappt – aber jede Hunderasse, jeder Welpe ist anders, und Sie wissen inzwischen selbst am besten, was Sie bei Ihrem Schützling fördern und fordern können und was nicht.

Auf Doppelpfiff kommen

Dieses Signal wird jetzt in seiner Bedeutung stärker, da Sie es auch dann anwenden, wenn sich der Welpe nicht auf Sie konzentriert, also abgelenkt ist und woanders hinschaut. Der Welpe soll lernen, auf den Doppelpfiff hin sofort zu Ihnen zu kommen, unabhängig davon, was er gerade macht. Tut er das nicht, laufen Sie sofort in seine Richtung, bauen also Druck auf. Dann spätestens wird er auf Sie zusausen. Nehmen Sie sich in dem Augenblick sofort zurück und gehen Sie schnell in die Hocke nach dem Motto: Du sollst ja »nur« zu mir kommen. Loben Sie ihn freundlich mit dem positiv gestimmten »Jaaaaa«.

Achten Sie stets darauf, dass Sie dieses Komm-Signal auf Doppelpfiff konsequent durchsetzen. Der Racker darf keinesfalls lernen, dass er den Doppelpfiff ignorieren darf.

Gehen mit Stoppen für Fortgeschrittene:

① Julia läuft zügig.

② Dann trippelt sie und bleibt schließlich stehen. Mit sanftem Zug bringt sie Charly ins »Sitz«.

③ Sofort nimmt Julia die Spannung aus der Leine, indem sie sie zu Boden fallen lässt und einen Fuß daraufstellt.

④ Anschließend nimmt Julia den Riemen wieder auf.

⑤ Sie schnalzt mit der Zunge, damit Charly hochschaut. In dem Moment signalisiert sie ihm per Handbewegung, dass es weitergeht.

Seepferdchen

Ihr Welpe ist inzwischen mit dem Wasser bestens vertraut und hat bereits die eine oder andere Schwimmeinlage absolviert. Suchen Sie sich jetzt ein breiteres, tieferes Gewässer, am besten einen ruhig dahinfließenden Fluss, den Sie selbst gut durchwaten können. Machen Sie jetzt nicht viel Aufhebens darum, sondern durchlaufen Sie einfach die Stelle, als sei es das Selbstverständlichste von der Welt.

Ihr Welpe wird Ihnen folgen, weil er es ja gar nicht anders kennt und es zudem keinen Sinn macht, allein am Ufer zurückzubleiben. Lassen Sie dann für den Jungspund sichtig ein Apportel in den Fluss fallen und gehen Sie schnurstracks durch das Wasser weiter. Ist der Welpe immer noch unentschlossen, wird ihn das Dummy motivieren, das Wasser anzunehmen. Er wird hinschwimmen, es in den Fang nehmen und Ihnen weiter durch den Fluss folgen.

Am gegenüberliegenden Ufer angekommen, warten Sie auf Ihren Azubi. Sobald er ans Ufer kommt, wird wie immer die Beute gegen Futter getauscht. Glückwunsch! Ihr Welpe hat die Seepferdchen-Prüfung bestanden. Kein Wunder, schließlich trägt er Ihnen ja auch an Land alles hinterher, was Sie fallen lassen. Und was an Land klappt, klappt bekanntlich auch im Wasser!

① Julia durchquert einen Fluss, Charly ist noch etwas unschlüssig.
② Der Welpe folgt schließlich, Julia lässt für ihn sichtig das Apportel ins Wasser fallen.
③ Charly packt das Dummy und schwimmt zu Julia.
④ Sie wartet bereits am Ufer auf den wackeren Spaniel und ist bereit zum Tausch.

Begegnung mit Hühnern und Stallhasen

Einerseits wollen wir, dass unser Hund sich nicht an Haus- und Nutzvieh vergreift, andererseits soll er auf der Jagd die richtige Schärfe zeigen. Ein schwieriger Balanceakt. Fördern Sie daher bei Ihrem Welpen, dass zahme, nach Mensch witternde Hühner, Hasen etc. tabu sind. Nähern Sie sich diesen Hot Spots anfangs nur, wenn Ihr Jungspund angeleint ist, weil Sie ihn dann unter Kontrolle haben. Schließlich sind Hühner, Kaninchen & Co. aufregend für ihn, egal wie zahm sie sind. Oder sie sind ihm unheimlich – umso besser, dass er direkt unter Ihrer Obhut steht. Auf jeden Fall kommt der angeleinte Racker auch in dieser Situation nicht umhin, sich ihr gemeinsam mit Ihnen stellen. Sprechen Sie nicht mit dem Welpen, sondern kommunizieren Sie über die Leine.

Leiten Sie das Stoppen an dem Gehege mit Trippelschritten ein, laufen Sie dann auf der Stelle und lassen Sie schließlich die Leine zu Boden fallen. Zum Schluss: Fuß daraufstellen und einfach nur dastehen. Ihre Ruhe wird sich irgendwann auch auf Ihren Schützling übertragen, egal ob die Hühner gackern oder die Kaninchen wild durchs Gehege hoppeln. Sie können den Welpen selbstverständlich auch wahlweise ins »Sitz« postionieren. Wenn Sie dann wieder loswollen, einfach die Leine aufsammeln, Kontakt mit Ihrem Schützling aufnehmen (Zunge schnalzen) und mit der Jetzt-geht's-los-Geste weitermarschieren. Wann immer sich die Gelegenheit bietet, sollten Sie den Haus- und Hoftieren einen Besuch abstatten, dann ist es für den Welpen bald ganz normal.

In Ruhe fressen

Auch vor dem Fressen heißt die Devise: Ruhe bewahren! Lassen Sie dafür den unangeleinten Welpen über die Geste »Sitz« machen und stellen Sie ihm seine Fressensportion in etwas Abstand auf dem Boden. Blocken Sie ihn gleichzeitig mit der einen Hand ab (siehe S. 71) – er darf jetzt nicht ungestüm vorprellen, sondern muss sich, egal wie groß der Hunger ist, zurücknehmen und abwarten. Erst auf Ihr deutliches »Jaaaaa«, darf er ran an den Napf. Spannen Sie ihn dafür anfangs aber nicht zu lange auf die Folter.

An die Trennung gewöhnen

Der Welpe kennt seinen festen Hundeplatz in Form seines Körbchens oder Kennels bei Ihnen zu Hause schon lange. Er weiß, dass er sich dorthin zurückziehen kann und dann dort in Ruhe gelassen wird.

Leine auf den Boden heißt Ruhe halten, egal was in der Nähe herumhoppelt.

Wenn Sie jetzt mit dem Jungspund unterwegs im Revier oder am Gewässer waren, er gefressen und sich gelöst hat, schicken Sie ihn freundlich auf den Hundeplatz (siehe S. 55). Entfernen Sie sich räumlich von ihm und gehen Sie beispielsweise ins Wohnzimmer. Krabbelt der Welpe von seinem Hundeplatz, schicken Sie ihn wieder freundlich mit »Hun-de-platz« und Fingerzeig Richtung Körbchen dorthin zurück. Auch der Welpe muss damit klarkommen, dass Sie ab und zu voneinander getrennt sind. Umso mehr genießt er es dann, wenn er später bei Ihnen sein darf. Da der Welpe nach der »Action« müde ist, wird er sich bald einrollen und schlafen. Wacht er auf, achten Sie darauf, dass Sie es sind, der ihn vom Hundeplatz abholt.

TIPP

Klappern Sie zu Hause zwischendurch übertrieben mit Töpfen und Geschirr, denn: laute Geräusche sind normal! Natürlich sollten Sie dieses Szenario nicht in unmittelbarer Nähe vor dem Welpen aufführen oder ihn gar aus dem Schlaf damit schrecken, aber er soll sich auch nicht zu einem Sensibelchen entwickeln, das bei jedem vorbeiknatternden Trecker zusammenzuckt. Später steht die Schussfestigkeit auf dem Programm (siehe S. 115), umso besser, wenn der Welpe schon das eine oder andere Scheppern kennt und nicht gleich Reißaus nimmt.

Der angeleinte Charly bleibt auf seinem Hundeplatz im Garten, selbst dann, wenn seine »Bezugsperson« nicht in seiner unmittelbaren Nähe ist. Die Kinder passen auf und können notfalls eingreifen – behutsam per Leinenzug.

Welpe allein zu Haus

Klappt diese räumliche Trennung von Ihnen im Haus problemlos, können Sie den Welpen – natürlich je nach dessen individueller Entwicklung – schon mal eine Viertelstunde bis halbe Stunde pro Tag ganz alleine auf seinem Hundeplatz in den vier Wänden zurücklassen. Natürlich sollten Sie vorher mit ihm unterwegs gewesen sein, damit er die nötige »Bettschwere« hat – das macht das Ruhehalten für Ihren Schützling automatisch leichter.

Wichtig: Schleichen oder stehlen Sie sich nicht aus dem Haus, sondern greifen Sie zum Haustürschlüssel, lassen Sie ihn klimpern und ziehen Sie die Jacke über – wenn spätestens jetzt der Welpe angesprungen kommt, schicken Sie ihn nett, aber bestimmt auf den Hundeplatz. Dann schließen Sie die Haustür hinter sich und gehen.

Nicht übertreiben

Machen Sie einen kurzen Ausflug und seien Sie am Anfang einfach nach zehn bis fünfzehn Minuten wieder da. Bei Ihrer Rückkehr verhalten Sie sich so wie immer, also ganz normal, als sei gar nichts Aufregendes geschehen. Ist es ja auch nicht! Steht der Racker schwanzwedelnd an der Tür, weil er Sie gehört hat und es gar nicht erwarten kann, Sie zu begrüßen, schicken Sie ihn freundlich, aber bestimmt zurück auf seinen Platz.

Ist der Welpe brav auf seinem Hundeplatz geblieben, gehen Sie einfach an ihm vorbei und beachten ihn nicht weiter. Lassen Sie ihn sich, wie sonst auch, einfach ausruhen. Es ist das Selbstverständlichste von der Welt, dass Sie wieder zu Hause sind. Holen Sie ihn erst von seinem Hundeplatz ab, wenn dieses Prozedere nicht im direkten Zusammenhang mit Ihrer Rückkehr steht.

Das Normalste von der Welt

Warum, werden Sie jetzt sicher fragen, dürfen Sie keine überschwengliche Freude beim Wiedersehen zeigen, selbst dann nicht, wenn der Welpe brav auf seinem Hundeplatz liegt? Weil der Racker sonst immer spannungsgeladen auf Ihre Rückkehr wartet, weil ja dann was Tolles passiert, er gelobt und gestreichelt wird.

Ihr Fortgehen und Zurückkommen ist aber die normalste Sache von der Welt – ähnlich wie beim »Bleib« am Rucksack. Falls Sie Kinder haben, müssen die hier ebenfalls mitziehen, auch wenn es ihnen meist sehr schwerfällt.

Jeder der Hunde liegt auf seinem Hundeplatz im Büro. Dort sollen die zwei auch bleiben, wenn man das Zimmer verlässt.

Ernährung des Hundes

Welpen kann man in den ersten Monaten beim Wachsen zuschauen, umso wichtiger, dass sie während dieser Phase viel und vor allem die richtige Nahrung bekommen.

Gutes, ausgewogenes Futter bildet die Basis für:

- optimale Leistung;
- Gesundheit;
- ein langes Leben.

Die Wachstumsphase ist bei kleinen Hunden im Alter von sechs bis zehn Monaten abgeschlossen, bei großrahmigen Hunden kann sich diese über 18 Monate erstrecken.

Der Hund ist ein Allesfresser, er frisst Fleisch und nimmt auch pflanzliche Nährstoffe wie Wurzeln, Gräser oder Getreide auf. Es gibt inzwischen Futtermischungen, die speziell auf die Bedürfnisse von Welpen zusammengestellt wurden. Darin müssen enthalten sein: Eiweiß, Fett, Kohlenhydrate, Mineralstoffe, Vitamine und Spurenelemente. Allerdings sollte man die Angaben des Herstellers über die zu fütternde Menge um etwa zehn Prozent nach unten korrigieren – so zumindest meine Erfahrung! Natürlich ist die Menge, die Sie füttern, auch abhängig davon, was der Hund geleistet hat.

Trockenvollnahrung, einmal auf die Bedürfnisse der Seniorin Emma zusammengestellt und einmal auf die des Juniors Charly.

Fressen »abräumen«

Bis zur 12. Lebenswoche sollten Sie Ihren Welpen drei- bis fünfmal am Tag füttern, je nachdem, was er sich an Zusatzleckerchen während des Welpen-Einmaleins »dazuverdient«. Achten Sie stets darauf, dass immer eine Schale mit frischem Wasser bereitsteht.

Frisst der Racker seine Fressensration nicht auf – kein Problem. Stellen Sie den Futternapf einfach weg, sobald der Welpe das Fressen beendet hat. Der Napf bleibt also nicht für ihn permanent zugänglich stehen, sondern Sie räumen ihn ab, wenn sein Hunger gestillt ist – schließlich sind Sie derjenige, der das Fressen des Welpen »verwaltet«. Bieten Sie ihm die Portion noch einmal ein paar Stunden später an. Sofern Sie das Fressen im Kühlschrank aufbewahrt haben, rühren Sie es einfach mit warmen Wasser an, sonst ist es eventuell zu kalt.

Frequenz verringern

Je älter der Welpe dann wird, umso größer werden die Portionen und die Frequenz der Mahlzeiten reduziert sich.

Nach dem Fressen sollte der Welpe immer genügend Zeit haben, sich auszuruhen. Sie sollten ihn auch im Hinblick auf eine eventuelle Magendrehung nach dem Fressen eine Pause von mindestens vier Stunden gönnen.

Sobald Ihr Schützling die Wachstumsphase hinter sich gelassen hat, reicht es, ihn ein- bis zweimal am Tag zu füttern. Viele Futterhersteller bieten eine ganze Palette von Trockenvollnahrung an, jeweils auf die Alters- und Entwicklungsphase des Hundes angepasst. Aber Achtung bei der Futterumstellung: Sie kann unter Umständen Durchfall auslösen.

Abwechslung schaffen

Ich gebe meinen ausgewachsenen Hunden einmal am Spätnachmittag eine Mischung aus Nass- und Trockenfutter. Röhrenknochen verbieten sich von selbst, abgekochte Markknochen sind sehr beliebt und stehen ganz oben auf der Liste. Allerdings achte ich stets darauf, dass die Hunde die Knochen nicht auffressen – ich tausche vorher mit einer Handvoll Trockenfutter den Knochen ein. Damit verhindere ich, dass sie den Leckerbissen irgendwo einbuddeln (Totengräber!). Habe ich ein Stück Wild geschossen, koche ich Herz, Milz und Lunge für die zwei Racker ab. Und wenn ich das Stück küchengerecht zerwirke, wandert noch genug durchwachsenes Fleisch, das ich weder für Steaks, Hack noch Gulasch gebrauchen kann, in den Hunderfutterbeutel. Einfrieren und bei Bedarf auftauen und abkochen – auch Hunde mögen Abwechslung in ihrem Napf. Nudeln, Reis oder Kartoffeln, natürlich ungewürzt und weich gekocht, können wahlweise ebenfalls unter das Hundefutter gemischt werden. Ein weiteres Highlight für Emma und Charly: mit Wasser angereichter Quark. Aber Achtung: Auch bei Hunden gibt es Milchunverträglichkeit!

Das braucht Ihr Hund

- Eiweiß ist für den Aufbau und die Stärkung des Körpergewebes zuständig. Die in Eiweiß enthaltenen Aminosäuren sind für den Hund lebensnotwendig. Sie sind enthalten in Fleisch und Fisch.

- Fette bestehen aus Glycerin und Fettsäuren und liefern lebensnotwendige Säure plus Vitamine – alles zusammen gibt dem Hund Energie. Diese Fette haften teilweise Fleisch oder Fisch an. Ungesättigte Fettsäuren sind ebenfalls besonders wichtig, diese findet man beispielsweise in pflanzlichen Ölen und auch Fisch. Bekommt der Hund zu wenig davon, reagiert er unter Umständen mit trockenem Fell, Hautirritationen und Juckreiz.

- Kohlenhydrate werden ebenfalls zur Energiegewinnung und zum Zellaufbau benötigt, außerdem regeln sie die Darmmotorik. Hauptlieferanten für Kohlenhydrate sind vor allem Kartoffeln und Getreide. Getreide verträgt der Hund am besten in Flockenform wie Hafer- oder Hirseflocken.

- Mineralstoffe (zum Beispiel Phosphor, Kalium, Natrium, Magnesium) sind Nährstoffe und Vitamine, die Hunden zwar keine Energie liefern, aber für die Gesundheit und Funktionsfähigkeit des Organismus eine wichtige Rolle spielen. Lieferanten sind Milch, Knochen, Fleisch etc.

- Vitamine und Spurenelemente (zum Beispiel Eisen) können vom Hund nicht selbst gebildet werden, sind aber ebenfalls lebensnotwendig. Eisen kommt beispielsweise vor in Fleisch, Leber, Eiern und grünem Gemüse.

Sie sollten dem Hund jedoch keinesfalls Extravitamine in Form von Tabletten, Ölen oder Säften anbieten – bitte fragen Sie vorher den Tierarzt. Denn was gut gemeint ist, kann Ihren Hund krank machen.

Mit Freude mehr leisten

Jetzt stehen Schleppenarbeit und Bei-Fuß-laufen auf dem Programm. Bleiben Sie aber auch an den anderen Fächern dran und üben Sie mit Ihrem Welpen beispielsweise das »Bleib« mit Versteckspiel im Wald.

Ab der 17. Lebenswoche bis einschließlich 20. Woche

Alles bisher Erlernte weiterhin üben, dazu kommen:

- Schleppenarbeit für Anfänger & Fortgeschrittene
- Suche im größeren Bereich
- Apport mit Anpirschen (»Steeeeh« und »Tock!«)
- Apport mit tierischem Umfeld

- »Bleib« mit Verstecken
- Freies Folgen im Wald

- Arbeit mit dem Fährtenschuh

- Landgang

- Variabler Hundeplatz

Allgemeines zur Schleppenarbeit

Natürlich sollte man mit der Schleppenarbeit erst beginnen, wenn der Welpe zum Suchen seine Nase einsetzt, hier tickt jeder Hund anders. Spaniel Charly hat schon früh seine Nase »entdeckt« und bei dem einen oder anderen Ausflug den Boden interessiert beschnuppert. Auch wenn ich Dummys am Wegesrand versteckt hatte und den Spaniel gegen den Wind ansetzte, fing er an, seine Nase einzusetzen. Signale für mich, diese Eigenschaft weiter zu fördern. Die ersten Schleppen für den Jungspund sollten leicht für ihn auszuarbeiten sein, nutzen Sie beispielsweise die vom morgendlichen Tau benetzte Wiese als »Fluchtstrecke«. Im nassen Gras bleibt die Wittrung des geschleppten Gegenstands besser haften und vereinfacht daher die anschließende Suche. Je versierter Ihr Jungspund später ist, umso schwieriger können Sie die Schleppenarbeit gestalten – beispielsweise durch die Wahl eines trockenen Untergrunds oder eine längere Stehzeit. Natürlich spielt dann auch eine Rolle, ob die Schleppe mit einem Jute-Dummy oder einem Hasenbalg gezogen wird. Das Apportel ist im Vergleich zur wilden Beute recht geruchsarm und neutral.

Sie sollten jedoch mit der Kaltschleppe (Jute-Dummy) anfangen, schließlich soll die Nase des Welpen nicht zu sehr mit Wittrung verwöhnt werden. Zudem würde ihn die Wildwittrung sicher in helle Aufregung versetzen, weil er bisher ja noch nicht so oft damit konfrontiert wurde. Keine Bange, eine Wildschleppe können Sie schon bald machen, wobei Sie dann die Arbeit für den Welpen erschweren sollten, indem Sie beispielsweise die Stehzeit stärker ausreizen (siehe Info-Kasten rechts).

Bei der Schleppenarbeit lernt der Welpe:

- seine Nase einzusetzen und sich auf diesen einen Duft zu konzentrieren;
- dass es sich lohnt, die Spur auszuarbeiten, weil er am Ende fündig wird und die Beute zurück zum Rucksack bringen darf. Es gibt etwas zu holen und zu tauschen!
- sich auf der eigenen Spur zurückzufährten.

Charly saugt sich mit tiefer Nase auf der frischen Schlepp-spur fest.

Die erste Arbeit auf der Schleppe

Die erste Schleppe sollte nicht länger als 20 Meter sein. Der Anfang, der künstliche Anschuss, wird gekennzeichnet, beispielsweise mit einem Ast oder Trassierband, damit Sie später den Punkt gezielt mit Ihrem Jungspund ansteuern können. Reiben Sie das Jute-Dummy am künstlichen Anschuss mehrmals über den Boden, damit am Anfang möglichst viel Wittrung steht. Wichtig ist außerdem, dass Sie das Apportel am Anschuss in Kreisform (Fichtlmeier'sche Anschussspirale) hinausführen. So muss der Jungspund sich bereits auf den Abgang konzentrieren wie später im Revier auch.

Dann ziehen Sie das an einem Band befestigte Dummy so hinter sich her, dass eine geradlinige

Schleppen legen – nicht so einfach, wie es aussieht

- Beim Schleppe-Ziehen bleiben immer Geruchspartikel von Ihnen an Sträuchern, Gräsern, Bäumen haften. Der Welpe kann sich möglicherweise auf Ihre menschliche Geruchsbahn einspielen statt auf die des Schleppgegenstandes. Umso wichtiger zwischendurch auch andere Personen die Schleppe ziehen zu lassen.
- Je trockener der Untergrund, desto schwieriger ist es für den Welpen, die Schleppe auszuarbeiten. Optimal für Ihren Anfänger: eine feuchte Wiese, weil hier die Wittrung des Schleppgegenstandes gut haften bleibt.
- Wind verwischt oder verlagert die hinterlassenen Duftstoffe, entsprechend kann sich der Welpe verlagern und läuft seitlich versetzt neben der Schleppspur.
- Ein geschlepptes Wildteil wie ein Wildschweinlauf oder Hasenbalg hinterlässt eine intensivere Duftspur als beispielsweise ein Jute-Dummy.
- Anfangs sollten Sie in die Schleppe nicht zu viele Geländewechsel (von der Wiese in den Wald etc.) einbauen. Der Welpe soll zuerst einmal begreifen, worum es geht, nämlich die Schleppe auszuarbeiten, am Ende Beute zu finden, sie zu apportieren und am Ausgangspunkt zu tauschen.
- Steigern Sie langsam und Schritt für Schritt die Schwierigkeitsgrade der Schleppe, überstürzen Sie jedoch nichts. Verschiedene Untergründe, Stehzeit, stumpfe Winkel und Dummy-Wahl machen die Schleppe abwechslungsreich.
- Lieber eine Markierung zu viel als eine zu wenig. Aber Achtung: Jede Markierung trägt Duftstoffe desjenigen, der sie angebracht hat.
- Fluchtpunkte in der Landschaft (hoher Baum, Scheune, einzelner Busch) helfen dabei, sich den Verlauf der Schleppe besser zu merken.
- Lassen Sie den Welpen zu Beginn vorzugsweise am langen Riemen arbeiten, damit Sie ihn besser lenken und korrigieren können. Dies gilt besonders für den Fall, wenn Sie beispielsweise erste stumpfe Winkel einbauen. Überschießt der Azubi, einfach stehen bleiben, auch wenn der Riemen sich spannt. Entweder er findet von allein zurück auf die Schleppspur oder Sie helfen ihm dabei, sie zu finden, indem Sie sich hinunterbücken und die Spur interessiert beschnüffeln. Ihr Welpe wird sich an Ihnen orientieren und Ihr Verhalten nachahmen.
- Gestalten Sie die Schleppen abwechslungsreich, legen Sie für den fortgeschrittenen Azubi bereits die eine oder andere Verleitung – ziehen Sie beispielsweise einen Rehlauf über die mit einem Dummy gezogene Schleppe. Markieren Sie unauffällig den Übergang. Dann können Sie sogleich – wie zuvor beschrieben am langen Riemen – korrigierend eingreifen, wenn der Hund die reizvollere Verleitung anfallen will. Er soll einfach auf der Spur bleiben, auf der Sie ihn angesetzt haben. Das ist für die spätere Nachsuchenarbeit ein wichtiger Trumpf.
- Wahlweise können Sie, wenn der Welpe bereits einige Schleppen sauber gearbeitet hat, die Beute unter Gras oder Laub verstecken. Dann muss er den Fund ausgraben.
- Ist Ihr Welpe ein sicherer Schleppen-Arbeiter und Apportierer, können Sie ihn auch mal frei arbeiten lassen, also ohne Riemen.

Die Arbeit mit dem Fährtenschuh wird wie die Schleppenarbeit gestaltet (siehe S. 106).

Flucht nachgeahmt wird. Nach rund 20 Metern lösen Sie das Band und legen das Apportel ab. Gehen Sie dann in einem großen Bogen zurück, ohne sich jedoch der Schleppspur zu nähern oder sie gar zu kreuzen. Die Beute am Ende immer so auslegen, dass der sich heranarbeitende Welpe sie gut sehen kann oder förmlich darüber stolpern wird.

Nur die Ruhe

Die Schleppe sollte anfangs noch nicht zu lange stehen, damit der Welpe die Geruchsautobahn gut ausarbeiten kann. Je eher man den Welpen auf der Jute-Schleppe ansetzt, umso einfacher fällt es ihm, sie auszuarbeiten. Gehen Sie daher möglichst innerhalb der nächsten zehn Minuten nach dem Schleppeziehen mit Ihrem Welpen zum Schleppen-Anfang – durch die Markierung mithilfe des Astes oder Trassierbandes ist dieser ja schon von Weitem gut zu sehen. Lassen Sie den Jungspund, der bereits an den langen Riemen gelegt ist, im »Bleib« am Rucksack in etwas Abstand zur Markierung warten.

Anschließend gehen Sie zum Anschuss, beugen Sie sich hinunter und begutachten sie ihn, so wie Sie es auch beim realen Anschuss im Revier tun. Außerdem setzen Sie durch Ihr Inspizieren den Welpen unter Spannung. Bleiben Sie aber trotzdem die Ruhe selbst. Schließlich kehren Sie zum wartenden Jungspund zurück, greifen den Riemen und signalisieren mit der Jetzt-geht's-los-Geste, dass er Ihnen folgen soll. Gehen Sie gemeinsam mit ihm zum Schleppenanfang. Wahrscheinlich wird er die Nase ins Gras stupsen und sich jetzt voranbuchstabieren. Falls er jedoch nicht weiß, was er machen soll, unterstützen Sie ihn! Beugen Sie sich zum Anschuss hinunter und schnüffeln Sie demonstrativ durch die Nase. Der Racker wird sich an Sie koppeln, seine Nase einsetzen und versuchen, die Schleppe auszuarbeiten.

Die zu suchende Signalhalsung liegt im Vordergrund. Charly hat bereits die Schleppspur aufgenommen. Julia bleibt zurück am Rucksack.

Der Spaniel hat gefunden und nimmt die Beute in den Fang. Jetzt aber schnell zurück zur Ausgangsposition, zurück zum Rucksack.

Bei Problemen – helfen!

Hat er weiterhin Probleme, unterstützen Sie ihn dabei, eine Lösung zu finden! Gehen Sie erneut in die Hocke und zeigen Sie beispielsweise mit dem Finger auf den Anschuss oder, sofern Ihr Racker sich bereits weiter voran buchstabiert hat, auf die Schleppspur. Ist er wieder drauf, loben Sie ihn mit freundlichem »Jaaaaa«. Kommt er ins Faseln, bleiben Sie einfach stehen – schließlich ist der Jungspund ja am langen Riemen abgesichert und hat viel Raum. Sobald er wieder auf der Spur ist, geht's weiter.

Lassen Sie den Welpen ganz in Ruhe und ohne viel Worte die Schleppe ausarbeiten. Stößt er schließlich am Ende auf die Beute, wird er sie wie immer in seinen Fang nehmen. Bestärken Sie ihn mit fröhlichem »Jaaaaa« und laufen Sie jetzt mit Ihrem weiterhin angeleinten Racker zurück zum Rucksack, zu Ihrem Ausgangspunkt. Dort angekommen, wird der Welpe abgeliebelt und das Jute-Dummy wie immer gegen Futter getauscht.

Wild ist spannend

Bringen Sie in die Schleppenarbeit Abwechslung hinein und ziehen Sie daher auch einmal eine Wild-Schleppe, zum Beispiel mit einem Hasenlauf. Wundern Sie sich nicht, wenn der am langen Riemen arbeitende Welpe unter Umständen übermotiviert und extrem schnell unterwegs ist, selbst dann, wenn die Schleppe beispielsweise länger als zwanzig Minuten steht. Ihr Racker ist ja bisher selten mit Wildteilen konfrontiert worden.

Wird der Jungspund schließlich am Ende der Schleppe fündig und sammelt sein erstes Stück Wild auf, kann er sich unmöglich damit in die Büsche schlagen, weil er ja immer noch angeleint ist. Da der Welpe aber eh von klein auf gelernt hat, mit Ihnen Beute zu tauschen, wird er zu 99 Prozent gar nicht in diesen Konflikt kommen. Trotzdem sollte er anfangs immer durch den langen Riemen abgesichert bleiben. Zurück am Rucksack, wird wie immer gelobt und getauscht.

Dummy- oder Trittspur

Achten Sie bei der Schleppenarbeit unbedingt darauf, dass sich der Jungspund tatsächlich auf den Schleppgegenstand konzentriert und sich nicht auf der Fährte des Schleppenlegers festsaugt. Sofern es windstill ist und die Wittrung von Apportel & Co. nicht nach rechts oder links davongetragen werden, lässt sich das mithilfe eines Kniffs recht gut überprüfen. Befestigen Sie die Beute an der Reizangel und schleppen Sie – oder eine andere Person – das Dummy seitlich der Trittspur. Später lässt sich gut beobachten, ob der am langen Riemen arbeitende Welpe tatsächlich auf der Dummyspur sucht oder auf

Als Charly hochschaut, gibt Julia ihm winkend zu verstehen, dass er zu ihr kommen soll. Beide stürmen dann gemeinsam zurück über die Wiese zum Rucksack.

der Trittspur läuft. Bemerken Sie, dass der Jungspund schummelt und sich über die Spur des Schleppenlegers orientiert, bleiben Sie einfach stehen. Pendelt der Welpe sich schließlich auf der Spur des mit der Reizangel seitlich geschleppten Apportels ein, geht es wieder vorwärts.

Schleppe ziehen, mal anders

Eine Möglichkeit, eine geruchsneutrale Schleppe zu ziehen, besteht darin, das Dummy per Auto hinterherzuschleppen, zum Beispiel indem Sie das Apportel an die Anhängerkupplung binden. So werden Sie die eigenen persönlichen Duftstoffe, die ja im Umfeld der Schleppe zwangsmäßig haften bleiben, auf mehr oder weniger elegante Weise gut los. Der Welpe muss sich zwangsläufig auf die tatsächliche Schleppe konzentrieren, weil ja Ihre Trittspur nicht vorhanden ist.

Noch eine Option: Sie kreuzen nach dem Schleppeziehen wiederholt Ihre eigene Schleppspur. Das erschwert dem auf Ihrer Spur klebenden Azubi die folgende Suche natürlich ungemein. Bleibt der Racker jedoch auf der Spur des geschleppten Gegenstandes, kommt er einfacher zum Ziel. Auch hier bietet es sich an, den Jungspund am langen Riemen arbeiten zu lassen. Damit Sie den Durchblick behalten, muss der Verlauf der Schleppe genauestens gekennzeichnet werden. So können Sie jederzeit eingreifen und Hilfestellung geben.

TIPP

Damit Ihr Hund auch in die Tiefe, also »Voran«, sucht, lassen Sie folgende Übung mit einfließen: Legen Sie für den am Feld- oder Wiesenrand im »Sitz« wartenden Azubi ein paar Dummys an der gegenüberliegenden Seite aus, allerdings so, dass er die Apportel sehen kann. Dann schicken Sie ihn mit der deutlichen »Voran«-Geste (siehe Foto) los. Ist Ihr Hund unterwegs, gehen Sie ein paar Schritte rückwärts, um die Entfernung in die Tiefe zu steigern. Der Jungspund bringt, sie tauschen und schicken ihn ein weiteres Mal los, so lange, bis Sie alle Dummys wieder zurückhaben.

Julia zeigt deutlich mit beiden Armen in die Richtung, in die »Voran« gesucht werden soll.

Suche im größeren Bereich

Da die Suche nach Dummys ja bereits schon in einem überschaubaren, kleinen Bereich zuverlässig klappt, können Sie diesen jetzt erweitern und sich eine größere Fläche aussuchen. Achten Sie wieder darauf, auch hier nur in einem Bogen zu arbeiten. Optimal sind frisch gemähte Wiesen, an denen ein höherer Grasrand stehen geblieben ist – das Gebiet ist somit klar eingegrenzt.

Es liegt an Ihnen, ob Sie die Dummys verteilen, ohne dass Ihr Hund etwas davon mitbekommt, oder ob Sie ihn im »Bleib« am Rucksack warten lassen. Verstecken Sie die Dummys, ohne dass er Sie dabei beobachten kann, muss er wirklich suchen. Darf er beim Auslegen vom Rucksack aus zuschauen, kann er sich die Lage der Apportel unter Umständen merken (Marking).

① Dummys auf der kurz gemähten Wiese verteilen und dann den Hund holen.
② Jetzt mit richtungsweisender Geste zur Beute schicken.
③ Gefunden! Schell zurück Richtung Waldrand zum Rucksack laufen und dort tauschen.
④ Alles gefunden!

Immer vom Rucksack aus arbeiten

Wie immer schicken Sie anschließend den Welpen mit richtungsweisender Geste vom Rucksack aus los. Sie sollten sich ungefähr gemerkt haben, wo Sie die Beute versteckt haben. Schließlich soll der Jungspund ja fündig werden. Achten Sie daher auch darauf, dass der Welpe während der Suche Blickkontakt zu Ihnen aufnimmt, und geben Sie ihm genau in dem Moment, wenn nötig, ein richtungsweisendes Signal – das ist Teamarbeit! Natürlich können Sie den Hund auch so ansetzen, dass er Wind von den Dummys bekommt. Wie immer apportiert der Azubi den Fund, bringt ihn zum Rucksack zurück – dort wird mit Futter getauscht. Wenn alle Dummys gefunden sind, ist die Übung zu Ende.

»Steeeeh« heißt: Halt dich zurück!

Der Jungspund soll zuverlässig und zügig arbeiten, doch manchmal ist es wichtig, das Tempo rauszunehmen und das Koppeln an Sie noch stärker zu fördern. Verstecken Sie daher vor Ihrem Gang durchs Revier ein Apportel direkt am Wegesrand, sodass es später für den Jungspund, selbst wenn er einen Meter davor steht, nicht sichtig ist. Nähern Sie sich anschließend bei Ihrer Runde gemeinsam mit dem Racker möglichst so, dass er anfangs noch keinen Wind von dem Dummy bekommt. Setzen Sie Ihren Körper unter Spannung und tun Sie so, als ob gleich etwas ganz Aufregendes passiert. Der Welpe ahnt nicht, was passieren wird, ist aber aufgrund Ihrer Körperspannung natürlich ebenfalls unter Spannung gesetzt. Dann pirschen Sie sich extrem langsam an das Apportel an. Die Pirsch ist kurz, drei bis fünf Meter zurückgelegte Strecke reichen anfangs aus. Prescht der Jungspund vor, geben Sie ihm mit »Nein« und anschließendem Klopfen an Ihren Oberschenkel zu verstehen, dass er dicht bei Ihnen bleiben soll. Dann bleiben Sie schließlich stehen. Ihr Welpe wird sich an Sie koppeln und ebenfalls stehen bleiben. Unterstützen Sie augenblicklich dieses Verhalten verbal mit einem ruhigen, unaufgeregt gesprochenen »Steeeeh!«. Nach einer kurzen Pause schleichen Sie vorsichtig weiter. Ihr Welpe klebt weiter an Ihnen, zieht in Ihrem Tempo mit. Kurz vor dem für den Jungspund immer noch nicht sichtigen Dummy stoppen Sie erneut und bestätigen das Zurücknehmen des Rackers erneut mit »Steeeeh«! Es ist jetzt nicht wichtig, ob der Welpe die Beute bereits sieht oder nicht – entscheidend ist, dass er sich weiter an Sie koppelt, das erleichtert die spätere Arbeit an der Reizangel (siehe S. 113).

»Tock« heißt: Spring!

Seien Sie kurz vor der Beute extrem angespannt und erlösen Sie den Welpen schließlich mit einem Fingerzeig auf die Beute und dem gleichzeitig knackig kurz gerufenen »Tock!«. Der Welpe springt ein und packt das Apportel. Freuen Sie sich mit Ihrem Racker, laufen Sie ein paar Schritte auf dem Weg, motivieren Sie ihn, das Apportel zu Ihnen zu tragen, und tauschen Sie.

Beziehen Sie während der nächsten Pirsch den Wind gern mit ein – dann wird dem Welpen Witterung von der versteckten Beute zugetragen. Achten Sie aber stets konzentriert darauf, dass er nicht aus lauter Eifer vorprellt, sondern sich weiterhin, trotz der reizvollen Wittrung, an Ihr Verhalten koppelt. Schleichen Sie sich langsam an, bauen Sie Spannung auf. Ist Ihr Welpe zu temperamentvoll für das Anschleichen und ignoriert Ihr »Nein«, sollten Sie im Fach Binärsprache mit Ihrem Jungspund nacharbeiten. Ein weiteres Mittel, Ihren Schützling zum Zurücknehmen zu veranlassen: Leinen Sie ihn kurz vor der Pirsch Richtung Dummy an, dann können Sie ihn gegebenenfalls zurücknehmen, wenn er bei »Steeeh« trotz der Pause weiterwill.

Apport mit Ablenkung

Es ist immer wieder spannend zu beobachten, ob der Welpe die ihm auferlegte Aufgabe durchzieht oder ob er ablenkungsbereit ist. Und ob Sie in dem Fall konsequent sind beziehungsweise konsequent bleiben. Je besser die dem Jungspund gestellte Aufgabe auch unter Ablenkung funktioniert, umso sicherer können Sie sich sein, dass er auch später während einer Treib- oder Drückjagd im Beisein von Treibern, anderen Schützen und Hunden seine Arbeit beziehungsweise seine ihm gestellte Aufgabe konzentriert erledigt.

Lassen Sie Ihren Schützling daher beispielsweise in der Nähe eines Hasenstalls verschiedene Apportel suchen. Achten Sie aber darauf, dass der Hasenstall wirklich abgeriegelt ist und der Jungspund keinesfalls an die Mümmelmänner herankommt.

Sie sind der Bestimmer!

Für diese Übung lassen Sie den Racker im »Bleib« am Rucksack warten und verteilen Sie die Apportel. Natürlich ist der Reiz, die Apportel unbeachtet liegen zu lassen und Richtung Hasen zu laufen, für den Azubi recht hoch – genau das ist ja auch der Sinn dieser recht anspruchsvollen Übung. Seien Sie froh, wenn der Welpe tatsächlich stärkeres Interesse an den Hasen zeigt – aber nicht, weil er dann ein guter Jagdhund ist! Nein, weil Sie jetzt während dieser kniffligen Situation gegensteuern können und ihn dazu motivieren müssen, das im Moment weniger Interessante, das Dummy, zu apportieren. Durch solche Herausforderungen festigen Sie Ihre bisher vermittelten Signale. Also: Den Jungspund wie gehabt vom Rucksack aus schicken und die zuvor verteilten Dummys in der von Ihnen festgelegten Reihenfolge (siehe S. 79) wie immer bringen lassen.

Julia holt selbst das zuvor ausgelegte Apportel – das erhöht die Spannung bei Charly. Dieser muss warten, bis er dann endlich zum Apport geschickt wird. Im Hintergrund sieht man einige Stallhasen.

Rucksack und Leine liegen auf dem Boden, die Botschaft ist klar: Der Welpe soll dort bleiben. Will er vorpellen, wird ihm sofort per Folge-mir-nicht-Geste gezeigt (unteres Foto), dass er das auf keinen Fall darf.

Reaktionsschnell sein und vollen Einsatz zeigen

Ist der Jungspund jedoch beim Suchen abgelenkt und will zu den Hasen, steuern Sie sofort dagegen an mit einem scharfen »Nein!« und arbeiten daran, dass er das Apportel sucht. Und das heißt für Sie: Aktion! Laufen Sie zu dem Dummy, das er suchen soll, machen Sie es interessant, tun Sie so, als ob Sie etwas ganz Tolles gefunden hätten, beugen Sie sich runter, schnüffeln Sie laut oder klatschen Sie in die Hände! Seien Sie kreativ, lenken Sie die Aufmerksamkeit auf sich! Kommt Ihr Racker angeprescht, loben Sie ihn mit einem freundlichen »Jaaaa« und zeigen auf das Apportel. Da, wo Sie sind, spielt die Musik!

Selbstverständlich können auch Sie zwischendurch ein Dummy bringen, während der Hund im »Bleib« am Rucksack wartet. Nach Ihrer Rückkehr zum Rucksack legen Sie das von Ihnen geholte Dummy hinein und setzen Ihren Jungspund auf das nächste Apportel an. Das macht die Arbeit noch spannender und der Racker freut sich, wenn er (endlich) an der Reihe ist. Die Hasen werden immer uninteressanter und der Welpe fixiert sich noch besser auf seine Aufgabe und Sie. Hat er schließlich die Arbeit mit Bravour erledigt, alle Dummys einstecken, den Rucksack auf den Rücken schwingen und den Ausflug fortsetzen.

»Bleib« mit Verstecken im lichten Gehölz

Auch das »Bleib« des Welpen am Rucksack sollte weiter gefestigt werden. Der Azubi muss jetzt ertragen, dass Sie sich nach und nach seinem Blickfeld entziehen. Auch in diesem Fall darf er die Höhle, den Rucksack, nicht verlassen. Das lässt sich hervorragend im lichten Bestand üben. Ziehen Sie immer größere

Kreise um den im »Bleib« abwartenden Jungspund. Und verstecken Sie sich hinter den Bäumen. Steigern Sie die Übung in Bezug auf Dauer und Entfernung, – je nachdem, was Ihr Racker bereits gut aushalten kann. Kehren Sie auch bei dieser Übung zwischendurch ab und zu zum Rucksack zurück und loben Sie Ihren Welpen für sein Ausharren mit Futter. Prellt er vor, verdeutlichen Sie ihm augenblicklich mit der Folge-mir-nicht-Geste, dass er das nicht darf. Hilft auch dieses Signal nicht und verlässt er trotzdem den grünen Bereich, gehen Sie zu ihm zurück und steuern Sie Ihren Schützling mittels Leine sanft aber konsequent zum Rucksack. Dann beginnen Sie die Übung von vorne und stellen sich gegebenenfalls besser auf Ihren Welpen ein. Übertreiben Sie nicht mit der Distanz! Entwickeln Sie ein Gespür dafür, was Sie von Ihrem Racker erwarten können. Schließen Sie auch diese Übung immer positiv ab.

Ihr Welpe lässt Sie nicht aus den Augen

Durch die in diesem Leitfaden beschriebene Herangehensweise im Umgang mit Ihrem Welpen, achtet er stets auf Sie und klebt förmlich an Ihren Hacken, denn:

- Sie tragen immer Futter als Belohnung für ihn bei sich. Sie sind quasi seine Ersatzmutter, der er folgen muss, weil Sie ihm durch die Futtergabe das Überleben sichern.
- In Ihrer Nähe passiert oft etwas Aufregendes, Sie verlieren zum Beispiel häufig Apportel, Schlüssel, Kappe etc. – er kann Sie ja gar nicht alleine lassen!
- Sie helfen Ihrem Welpen dabei, Beute zu machen. Sie schicken ihn zur Suche beziehungsweise zeigen ihm an, wo er fündig wird.
- Sie sind liebevoll, schmusen viel mit ihm und er vertraut ihnen.

TIPP

Im Wald offenbart sich dem Azubi die ganze Bandbreite von Gerüchen. Seien Sie also darauf gefasst, dass Ihr Schützling eventuell abgelenkt ist. Umso besser, weiter einzufordern, dass er trotzdem in Ihrer Nähe bleibt – verstecken Sie sich hinter einem Baum, wenn Ihr Racker unaufmerksam ist, oder verlieren Sie zwischendurch einfach mal ein Dummy, das Ihnen Ihr aufmerksamer Begleiter sicher freudig bringen wird. Bleiben Sie spannend!

Nähe zu Ihnen ist toll

Unter dem Strich bleibt festzuhalten, dass der Welpe Ihre Nähe sucht, weil er Sie als nützlich und angenehm empfindet. Das ist die Basis fürs freie Folgen. Sobald der Azubi dicht an Ihrer Seite läuft, unterlegen Sie das freie Folgen jetzt mit einem Signal – klopfen Sie an Ihren Oberschenkel und sagen Sie beispielsweise das positiv gesprochene »So brav Fuß«. Ändern Sie dann Ihr Schritttempo: Mal gehen Sie schnell, mal schleichen Sie, mal wählen Sie ein mittelmäßiges Tempo. Richtig, das kennen Sie und Ihr Welpe bereits (siehe S. 76).

Ist der Jungspund jedoch abgelenkt, klopfen Sie motivierend seitlich für ihn sichtbar auf Ihren Oberschenkel. Sobald Ihr Hund wieder aufmerksam und bei Ihnen ist, bestärken Sie ihn erneut und sagen nett und lobend »So schön Fuß«. Zwischendurch können Sie eine Drehung einbauen oder auch über die inzwischen etablierte Körperstreckung das »Sitz« einfordern. Wollen Sie das »Sitz« dann auflösen, geben Sie den Azubi dieses Mal nicht mit der Lauf-Geste frei, sondern klopfen an Ihren Oberschenkel und sagen »So brav Fuß«. Dann weiß der Jungspund, dass er weiter in Ihrer unmittelbaren Nähe bleiben und Ihnen frei folgen soll.

Die Arbeit mit dem Fährtenschuh

Das Treten der Kunstfährte bringt weitere Abwechslung in das Welpen-Einmaleins nicht nur für Sie, sondern auch für Ihren Schützling! Der Welpe kennt bereits die Schleppenarbeit mit der durchgezogenen Geruchsautobahn und muss sich bei der Kunstfährte nun auch über die geruchsschwächeren Zwischenräume vorwärts buchstabieren.

Sofern Sie Ihren Hund vorzugsweise auf Schwarzwild einarbeiten wollen, sollten Sie sich Frischlingsschalen (Achtung: Aujezky'sche Krankheit) unter den Fährtenschuh schnallen.

Bescheiden beginnen

Am Anfang ist die Kunstfährte nicht allzu lang – Sie können selbst am besten einschätzen, wie lange Ihr Schützling konzentriert arbeitet und welche Distanz er meistern kann. Natürlich helfen Sie ihm auch hier, genau wie bei der Schleppenarbeit, wenn er mal ins Stocken gerät. Winkel, Widergänge, verschiedene Untergründe oder Verleitungen sind zuerst einmal tabu. Wie bei der Schlepparbeit auch wird der Anschuss (Fichtlmeier'scher Anschussspirale, siehe S. 96) gut markiert. Ziehen Sie ein paar Borstenhaare heraus und reiben Sie die Schale in Kreisform über den Boden. Dann wird mit den Fährtenschuhen und den darunter befestigten Schalen losgestapft, der Verlauf der Fährte gekennzeichnet und zum Schluss Beute ausgelegt – perfekt, wenn Sie die dazugehörige Schwarte des Frischlings haben. Anschließend die Fährtenschuhe ausziehen, in normale Treter (Rucksack!) schlüpfen und die Kunstfährte weiträumig umschlagen.

Nach einer halben Stunde gehen Sie dann mit dem Azubi zum Anschuss. Selbstverständlich wird die Kunstfährte immer am langen Riemen ausgearbeitet, so wie später im Revier bei der Totsuche auch.

Allgemein bleibt festzuhalten, dass bei der Arbeit mit dem Fährtenschuh die gleichen Abläufe und Regeln (siehe S. 97) gelten wie bei der Schleppenarbeit inklusive Schwierigkeitsgradsteigerung. Nur auf den Apport wird verzichtet. Das Gespann findet jetzt gemeinsam die Beute und Sie loben und liebeln Ihren Hund ausgiebig an der Frischlingsschwarte ab. Zu guter Letzt kehren Sie gemeinsam zurück, wobei Sie die Beute tragen.

Auf die Bodenverwundung konzentrieren

Auf Schweiß können Sie meines Erachtens gänzlich verzichten – oft genug zeigt sich in der Praxis, dass sich der Ausschuss des getroffenen Stücks nach ein paar Metern zusetzt und die Schweißspur immer weniger wird. Umso besser, wenn sich Ihr Schützling von Anfang an auf den Individualgeruch des Stück Wilds und die Bodenverwundung konzentriert, so wie er es von der Arbeit mit dem Fährtenschuh her kennt. Es ist meist nur für Sie als Schweißhundführer beruhigend zu wissen, dass Ihr Gefährte tatsächlich auf der Fährte ist, wenn Sie Schweiß sehen. Für den Hund spielt der Schweiß keine entscheidende Rolle.

Landgang 

Der Welpe hat bisher gelernt, dass er, sobald Sie sich gemeinsam dem Wasser nähern, schwimmen darf. Doch natürlich gehört auch zur späteren Entenjagd dazu, am Gewässer im »Bleib« auszuharren, egal was rundherum passiert. Ein Stadtpark mit Ententeich ist für diese Übung ideal. Je mehr Breitschnäbel dort umherschwirren, desto mehr Unruhe herrscht auf dem Wasser – perfekt!

Lassen Sie den Jungspund, der wie immer am Rucksack im »Bleib« aushalten muss, angeleint, damit Sie notfalls schnell reglementierend eingreifen können. Bleiben Sie anfangs neben Ihrem Welpen stehen und lassen Sie Ihren Fuß auf der Leine – Ihre Anwesenheit gibt ihm Sicherheit und er kann sich an sein trubeliges Umfeld gewöhnen. Außerdem haben Sie Ihren Racker, falls er vorprellt, unter Kontrolle.

Wenn Sie spüren, dass Ihr Hund mit der neuen Situation gut zurechtkommt, ihn die Breitschnäbel nicht weiter aufregen, vergrößern Sie den Abstand zwischen sich und dem Welpen. Der Rucksack und die Leine am Boden sind die Signale, die dem Welpen verdeutlichen, dass er dort an Ort und Stelle aushalten soll, bis Sie ihn abholen – wie er es ja aus den vorherigen Übungen bereits kennt. Behalten Sie Ihren Racker jedoch stets im Blick, schließlich ist die Situation extrem reizvoll für ihn, das »Bleib« doch irgendwann einmal eigenständig aufzulösen: die Entenwittrung, das Geschnatter, das Schwingenschlagen, einfallende und aufstehende Enten, das ist für manchen Racker verständlicherweise schwer auszuhalten … Reagieren Sie unbedingt sofort, falls er das »Bleib« selbstständig auflöst, mit scharfem »Nein« beziehungsweise Zurücksteuern per Leine. Ist Ihr Schützling jedoch brav, kehren Sie ab und zu zum Rucksack zurück und loben Sie ihn für sein Ausharren mit Futter. Sie können zu Recht stolz sein auf Ihren Azubi, der solch ein Umfeld einfach erträgt.

Enten füttern, Hund ist Zuschauer

Hält er das »Bleib« gut aus, können Sie noch einen Schritt weiter gehen, sich ans Ufer stellen und die Enten mit Brot füttern. Fordern Sie regelrecht heraus, dass die Breitschnäbel mit viel Getöse und Schwingenschlag auf Sie zukommen. Auch dieses Szenario muss der Welpe ertragen. Wird er schwach, prellt er also vor, greifen Sie wie gewohnt ein – da er ja die Leine mit sich trägt, bekommen Sie diese entweder mit der Hand zu fassen oder stellen Ihren Fuß darauf. Dann wieder ab zurück zum Rucksack mit Ihrem Schützling. Und was machen Sie? Sie gehen wieder zum Teich, die Enten weiterfüttern.

Bleiben Sie ruhig und gelassen und tun Sie so, als sei es das Normalste von der Welt, dass Sie von quakenden Breitschnäbeln umringt sind. Wollen Sie die Übung schließlich beenden, gehen Sie zu Ihrem Schützling, loben ihn mit Futter, dass er so brav ausgeharrt hat, heben die Leine vom Boden auf, schwingen den Rucksack auf Ihren Buckel und gehen mit einer deutlichen Jetzt-geht's-los-Geste weiter.

Beide Hunde, Charly und Emma, bleiben brav an Ort und Stelle, obwohl die Breitschnäbel direkt vor ihnen aufstehen und flach abstreichen.

Garten ist mit Vorsicht zu genießen

»Mein Welpe hat es gut bei mir, ich habe ja einen großen Garten!« Dieses Zitat hört man häufiger, allerdings ist es mit Vorsicht zu genießen. Sofern der Jungspund ohne Aufsicht im Garten herumtollt, verbuscht er schnell, kaut Zweige an oder frisst sie gar auf, zerknabbert Tannenzapfen, jagt Vögel und gräbt nach Mäusen oder Maulwürfen. Diese Verselbstständigung ist nicht zu unterschätzen. Daher ist es ratsam, den Racker nur beaufsichtigt in den Garten zu lassen, wenn er sich beispielsweise lösen muss. Nach dem Geschäft heißt es dann für ihn: zurück in die vier Wände.

Auf den Hundeplatz

Wenn er dann im Haus nicht zur Ruhe kommt, schicken Sie ihn einfach auf seinen Hundeplatz. Dort muss der Welpe dann bleiben, aber das kennt er ja bereits. Der Hundeplatz ist ab dieser Sekunde sein grüner Bereich (siehe S. 55). Setzt er jedoch die Pfote in den roten Bereich über, korrigieren Sie ihn. Ist er aufsässig, leinen Sie ihn an, dann können Sie ihn wie gehabt per Riemen zurück an seinen Platz dirigieren.

Da Sie Ihrem Schützling den Platz zugewiesen haben, sind Sie natürlich dann auch derjenige, der den Racker wieder von seinem Platz abholt.

Den Hundeplatz mitnehmen

Möchten Sie sich jedoch länger selbst draußen in Ihrem Garten aufhalten, sollten Sie dort ebenfalls für den Jungspund ein Hundekörbchen oder Hundekissen als Rückzugsplatz bereitstellen. Nimmt er diesen freiwillig an, umso besser. Tollt der Racker jedoch im Garten umher, behalten Sie ihn im Auge. Wenn Sie

Hier wird das Büro nach draußen in die »Lounge« verlegt – und die Hunde bleiben in ihrem ihnen zugewiesenen Bereich, Emma auf dem Kissen und Charly im Körbchen.

TIPP

Sie geben den Takt vor: Sofern Sie beispielsweise Schreibkram zu erledigen haben, nehmen Sie das Körbchen mit an Ihren Schreibtisch – dann darf der Hund in Ihrer Nähe bleiben und es sich dort gemütlich machen. Es ist natürlich von Vorteil, nicht nur für den Azubi, sondern auch für Sie, wenn Sie beide vor der Büroarbeit schon einen Gang gemacht hat. Dann ist der Racker erschöpft und Sie sind konzentriert.

das Gefühl haben, dass er aus lauter Langeweile anfängt, sich selbst – wie zuvor beschrieben – zu beschäftigen, rufen Sie ihn freundlich zu sich. Zeigen Sie dann mit dem Finger auf das Körbchen oder Kissen und sagen Sie freundlich »Hundeplatz« zum Welpen.

Wenn Sie dann zwischendurch vom Garten ins Haus laufen, blocken Sie Ihren Welpen mit der Folge-mir-nicht-Geste ab, damit er nicht versucht ist nachzuprellen, schließlich kommen Sie ja gleich wieder zurück. Ihr Jungspund ist es bereits gewöhnt, kurze Trennungen auszuhalten. Er hat ja stets die Sicherheit, dass Sie wiederkommen.

Hauptsache, mit dabei

Im Sommer spielt sich das Leben bei uns zu Hause hauptsächlich draußen ab. Kommen beispielsweise Gäste zum Grillen, ist es durchaus möglich, dass der Racker in dem Trubel entweder zu viel oder zu wenig beachtet wird. Jeder will den Kleinen streicheln beziehungsweise der Welpe nutzt die Gelegenheit unter Umständen aus, sich im Garten zu verselbstständigen. Beugen Sie entsprechend vor.

Positionieren Sie Körbchen oder Hundekissen so, dass der Jungspund nicht unbedingt im Durchgangsverkehr aber eben doch mittendrin liegt. Eventuell zeigt sich der Welpe sogar dankbar für sein ihm zugewiesenes Refugium. Schließlich weiß er dann, wo er hingehört. Das hört sich seltsam an – aber manchmal wissen Hunde nicht genau, was sie mit ihrer unverhofften Freiheit anstellen sollen. Doch bevor sie Blödsinn anrichten, wie Steaks vom Grill zu stiebitzen, haben Sie Ihren Racker besser unter Kontrolle.

Vielleicht wird der Welpe in den ersten Minuten mit Ihnen diskutieren, das Körbchen beziehungsweise Hundekissen verlassen wollen. Gäste hin oder her, bleiben Sie konsequent, notfalls legen Sie ihm die Halsung mitsamt Leine an, damit Sie ihn besser zurückdirigieren können (siehe S. 56). Irgendwann wird der Welpe sich damit zufriedengeben, an dem Platz bleiben zu müssen – und so schlecht ist sein Los gar nicht, denn: Hauptsache, er ist dabei!

Charly hat seinen Platz auf der Terrasse zwischen dem Trubel »gefunden«. Hauptsache, dabei!

Neue Herausforderungen finden

Endspurt! Das Dummy saust durch die Luft und im Hintergrund knallt es – richtig: Ihr Hund wird erstmalig mit dem Schussknall konfrontiert. Doch bevor Sie zum Dummy Launcher greifen, wird die Reizangel geschwungen.

Ab der 21. Lebenswoche bis einschließlich 24. Woche

Alles bisher Erlernte weiterhin üben, dazu kommen:

- Reizangel
- Schussfestigkeit mit Dummy Launcher
- Freies Folgen auf der Wiese

- Übersicht der Pfeifsignale

- Das kleine Enten-Diplom
- Das große Enten-Diplom

- Übernachtschlafplatz verlegen
- Konkurrenz ertragen
- Fressensfrequenz umstellen

- Zahnwechsel
- Kurzhaarschnitt
- Transport im Rucksack

- Gegen Zecken schützen

Die Reizangel

Die Reizangel gehört zur Hundeausblidung wie das Pulver zur Patrone. Folgende »Denkanstöße« sind mit ihr möglich:

• Ängste überwinden
Der Hund darf Beute hetzen. Diese Übung sollten Sie jedoch sparsam einstreuen, zum Beispiel, wenn Ihr Hund wasserscheu ist und er durch das gewollte Hinterherjagen der Reizangel-Beute lernt, seine Scheu vor dem Nass zu überwinden (siehe S. 70).

• Steuern der Beute
Hetzt der Racker der Reizangel-Beute hinterher, bleibt sie außerhalb seiner Reichweite. Nimmt er sich jedoch zurück, stoppt auch die Beute. Der Hund lernt, die Beute durch sein Verhalten zu steuern.

• Konzentration auf Sie, den Hundeführer, fördern
Sobald der Hund auf den Hundeführer und nicht die umherschwirrende Beute achtet, kommt er zum Erfolg. Er lernt, sich an Sie zu koppeln.

• In-Besitz-Bringen von Beute
Das an der Schnur gesicherte Apportel darf der Hund Ihnen bringen. Er lernt, Sie in Besitz von Beute zu bringen.

• Zur Ruhe reizen
Trotz an der Reizangel befestigter und fliehender Beute, darf der Hund das »Bleib« nicht auflösen. Er lernt Standruhe kennen.

Steuern der Beute

Die Jagd mit dem Hund besteht in erster Linie aus Teamarbeit. Sofern Sie mit Ihrem Schützling – wie in diesem Leitfaden beschrieben – gearbeitet haben, ist er bereits sehr stark auf Sie fixiert, so jedenfalls meine Erfahrung. Dieses auf Sie-fixiert-Sein, ist für die anstehende Reizangelübung ein entscheidender Vorteil, denn der Racker muss sich an Sie koppeln, um zum Erfolg zu kommen. Aber der Reihe nach: Schwingen Sie zuerst einmal die Reizangel mit daran befestigtem Apportel, Balg oder Schwinge im Kreis herum – der Hund wird voraussichtlich blindlings hinterhersetzen. Nun ist es die Kunst, ihm zu vermitteln, dass es weiterhin sinnlos ist, das Wild zu hetzen, weil es ihm immer einen Schritt voraus und nicht zu fangen ist. Irgendwann wird der Jungspund seine Strategie ändern, sein Tempo verlangsamen oder gar kurz stoppen. Vielleicht auch einfach deshalb, weil er erschöpft ist. Just in diesem Moment stoppen Sie das Kreisen der Reizangel und lassen die Beute zu Boden fallen. Versucht er dann, durch einen Sprung oder Sprint, die Beute zu packen, rucken sie die Angel an und schon saust die Beute wieder weg. Achtung: Hier darf der Racker keinesfalls zum Erfolg kommen.

Konzentration auf Sie

Stürmt der Azubi wieder blindlings der umhersausenden Beute hinterher, geben Sie ihm Hilfestellung, jetzt sein Hirn einzuschalten: Schnalzen Sie mit der Zunge, damit er Blickkontakt mit Ihnen aufnimmt. Gleichzeitig strecken Sie ihm Ihre abblockende Hand (Abb. 2) entgegen, die ihm klar signalisiert, nicht weiter nachzuprellen, und sagen das vertraute »Steeeh!«. Sofern Ihr Azubi schon bei Trillerpfiff mit Stopp (siehe S. 119) reagiert, können Sie jetzt auch wahlweise trillern. Wie auch immer: Nimmt der Jungspund sich zurück, lassen Sie augenblicklich wieder die Beute auf den Boden fallen. Da staunt Ihr Schützling! Behalten Sie ihn jedoch im Blick, denn er darf keinesfalls vorprellen. Tut er das, saust die Beute wieder unerreichbar für ihn fort.

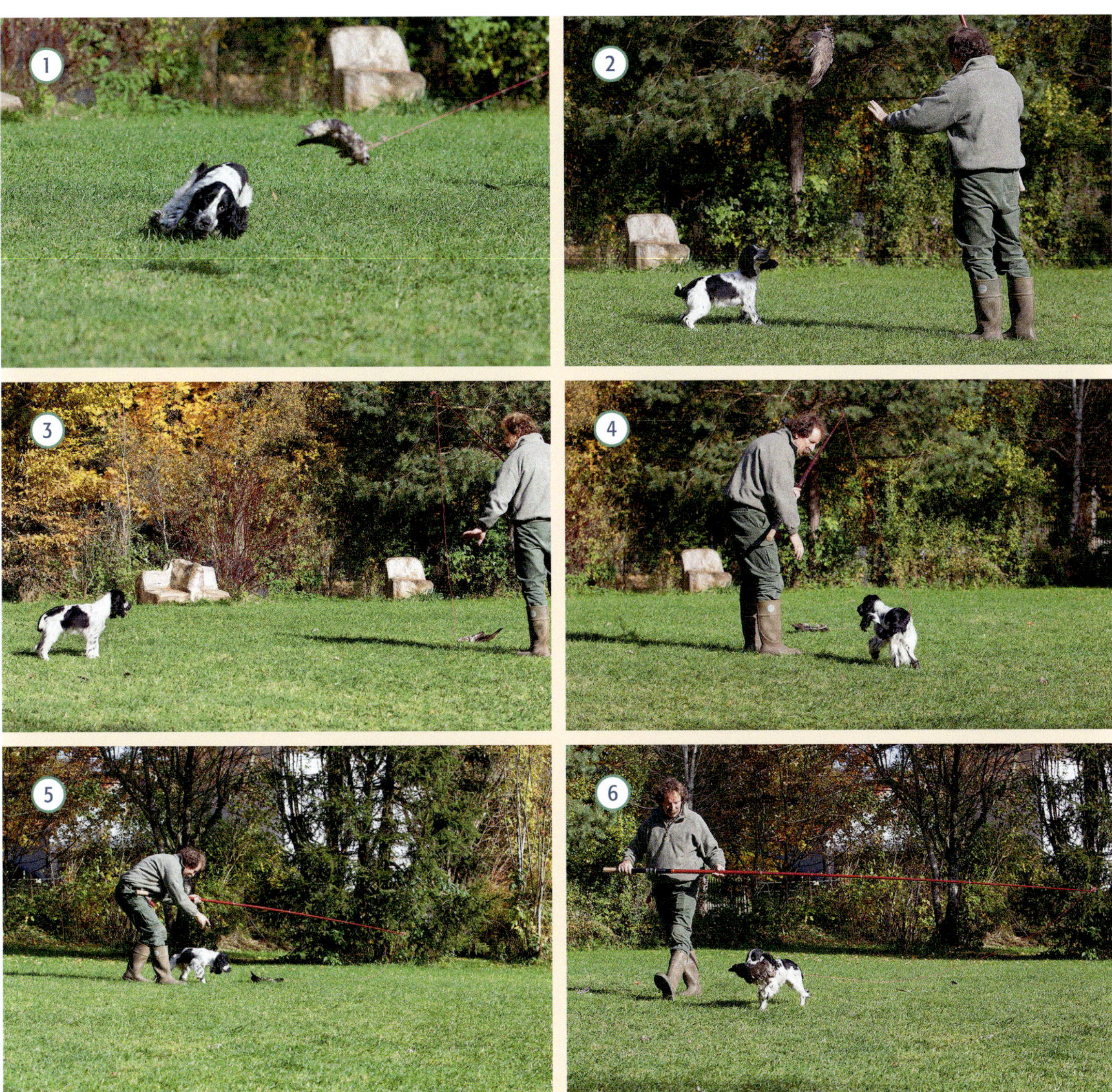

① Charly hat die fliehende Beute fest im Blick.
② Anton zieht die Beute hoch und gibt Charly gleichzeitig per Handzeichen zu verstehen, nicht nachzuprellen.
③ Schon liegt die Schwinge ruhig am Boden und Charly wartet weiter ab.
④ Anton klopft an seinen Oberschenkel und ruft Charly zu sich.
⑤ Der Hund koppelt sich an Anton und zieht langsam nach. Per Fingerzeig und »Tock« signalisiert Anton, dass Charly jetzt die Beute packen darf.
⑥ Der Spaniel kommt durch Teamarbeit zum Erfolg und trägt stolz die Schwinge im Fang.

In-Besitz-Bringen von Beute

Hält der Hund jedoch aus, rufen Sie ihn zu sich. Bauen Sie dann Körperspannung auf. Der Jungspund wird ebenfalls gespannt sein. Pirschen Sie sich anschließend zu zweit an die Beute heran. Klopfen Sie dabei leicht an Ihren Oberschenkel, damit der Jungspund wie beim Bei-Fuß-Gehen dicht zu Ihnen aufrückt. Halten Sie Ihren Körper weiter unter Spannung. Wenn Sie stehen bleiben, stoppt Ihr Hund ebenfalls – bestätigen Sie dies erneut mit »Steeeeh!«. Schließlich zeigen Sie mit dem Zeigefinger und gleichzeitigem Schnipsen auf das Reizangel-Apportel und rufen das kurze »Tock!«. Geste und Hörzeichen kennt der Jungspund bereits von vorherigen Übungen (siehe S. 102) – er wird dieses Signal folgerichtig als Aufforderung verstehen, die Beute zu greifen. Loben Sie ihn in dem Augenblick mit Ihrem freundlichen »Jaaaaa«, lassen Sie sich die Beute zutragen und tauschen Sie mit dem Jungspund. Auf diesen beiden Gegensätzen »Steeeeh« und »Tock!« können Sie jetzt bei weiteren Reizangel-Übungen aufbauen und es bei den Folgeübungen natürlich immer weiter herauszögern. Vorstehhunde motiviert man mit diesem Kniff geradezu dazu, das Vorstehen bei »Steeeh« (noch) länger zu halten.

Ist Ihr Racker jedoch zu forsch, zu hastig, zu ungestüm und versucht ohne Ihre Aufforderung, die Beute zu packen, flüchtet sie für ihn wieder unerreichbar per Reizangel durch die Lüfte und die Übung beginnt wieder von vorne.

Zur Ruhe reizen

Doch der Einsatz der Reizangel bedeutet nicht automatisch: Vollgas! Im Gegenteil. Ihr Hund muss später ja auch aushalten, wenn vor ihm Wild aufsteht oder flüchtet, Stichwort Standruhe.

Über die Reizangel können Sie dem Jungspund hervorragend vermitteln, dass er, egal was passiert, an seinem Platz bleiben soll. Allerdings muss dafür der grüne Bereich ganz klar von Ihnen mit Rucksack und auf dem Boden liegender Leine definiert sein. Erst dann holen Sie die Reizangel und befestigen daran Apportel oder Federschwinge etc. Ziehen Sie das »flüchtige Wild« vor dem angeleinten, am Rucksack im »Bleib« wartenden Hund langsam über den Rasen. Dann wechseln Sie das Tempo, lassen es schneller über die Erde und durch die Luft sausen. Hält der Jungspund dem Reiz nicht stand und prellt vor, tritt also über in den roten Bereich, reglementieren Sie ihn mit einem scharfen »Nein«. Korrigiert er sich selbst und dreht wieder ab Richtung Rucksack, loben Sie ihn augenblicklich für sein Nachgeben mit Ihrem freundlichen »Jaaaaa«. Ist er jedoch weiterhin auf die Beute aus, steuern Sie ihn mithilfe seiner Leine behutsam auf seinen Platz zurück.

Lassen Sie anschließend erneut das Apportel flüchten, mal langsam, mal schnell, mal provokativ direkt vor dem Jungspund, mal in etwas weiterem Abstand. Sobald der Azubi seinen grünen Bereich abermals verlässt, zurück mit ihm ins »Bleib« und die Übung wiederholen. Hält er jedoch brav aus, packen Sie schließlich die Reizangel zusammen, gehen zu ihm, loben ihn und heben wie immer Rucksack und Leine auf.

Ihr Jungspund darf keinesfalls, auch wenn er im »Bleib« ausgeharrt hat, zum Ende dieser Übung die Beute apportieren. Dafür gibt es drei Gründe.

1. Auch Ihr Hund muss lernen, dass nicht jeder Jagdtag Fangtag ist.
2. Ihr Schützling wäre permanent bei dieser »Ruhe-Übung« unter Spannung, weil er darauf wartet, apportieren zu dürfen. Für die gewünschte Standruhe ist das Gift!
3. Rucksack und Leine helfen Ihrem Hund dabei, das »Bleib« richtig einzuordnen.

An den Schussknall gewöhnen

Mein Spaniel ist bereits gefestigt genug, um ihn jetzt mit dem Schussknall zu konfrontieren. Auch hier gibt es rassebedingt Unterschiede, die Sie bei Ihrem Hund berücksichtigen sollten. Ist er einmal falsch an den Schussknall herangeführt worden, kann sich dies nachhaltig auf ihn und sein Verhalten auswirken. Umso wichtiger, hier Augenmaß zu halten – lieber noch ein paar Wochen in der Entwicklung des Jungspundes abwarten, als ihn zu früh an den Schussknall heranzuführen.

Wenn Ihr Hund Ihrer Meinung nach so weit ist, sollten Sie sich unbedingt einem Hundetrainer anvertrauen, der Ihnen hilft und den Dummy Launcher abfeuert. Außerdem werden Sie während der Übungen mit Ihrem Jungspund beschäftigt sein, weil Sie ihn anfangs an der Leine führen, damit er sich nach der Schussabgabe nicht verselbstständigen kann – umso besser, wenn Sie einen Profi an Ihrer Seite haben.

Nun zur Übung: Der Trainer hält den Dummy Launcher schussbereit in der einen Hand und in der anderen ein Apportel (auf den Fotos orangefarben). Er steht in rund 80 Meter von Ihnen und Ihrem Schützling entfernt, ist für Sie und Ihren Azubi gut zu sehen. Laufen Sie mit Ihrem angeleinten Hund auf den Trainer zu. Wenn Sie mit ihm auf gut 60 Meter Entfernung herangekommen sind, wirft der Trainer das Apportel für Ihren Jungspund sichtig in die Luft und schießt mit dem Dummy Launcher das aufgesetzte Hartgummi-Dummy (auf dem Foto schwarz-weiß gestreift) auf den Boden. Der Azubi ist auf das bereits fliegende Dummy konzentriert und jagt diesem hinterher, der Schuss und das Hartgummi-Dummy sind gewollte Nebensache. Außerdem ist für Ihren Hund klar, dass der Trainer den Schuss abgibt und nicht Sie. Unbeeindruckt von dem Knall stürmen Sie unter lautem Gejohle mit dem Jungspund im Schlepptau Richtung geworfenes Apportel, und Sie sammeln es auf. Warum? Weil der Racker dann versucht, noch schneller an die Beute zu kommen und der Knall noch uninteressanter wird. Kehren Sie jetzt wieder zum Ausgangspunkt zurück. Luft holen, verschnaufen und das Gleiche noch einmal. Mit Charly klappt es auf Anhieb, er »spitzt« sich immer stärker auf das orangefarbene Dummy.

Julia hat Charly an der Leine. Anton feuert den Dummy Launcher mit einem schwarz-weißen Plastikapportel ab und wirft gleichzeitig ein orangefarbenen Jute-Dummy in die Luft.

Das abgefeuerte Apportel schnellt aus dem Foto heraus und das Jute-Dummy landet auf der Wiese. Charly zögert, Julia läuft weiter darauf zu und Charly muss mit, abgesichert durch die Leine.

TIPP

Achten Sie auf Ihren Hund – sobald er während der Dummy-Launcher-Übung überfordert oder ängstlich zu sein scheint, legen Sie eine Pause ein.

Hinterher mit Gebrüll

Wenn Sie hinter dem Dummy, das in die Luft geworfen wurde, hinterherjagen, können Sie gern kräftig rufen und schreien, dann ist der Knall nebensächlich. Auch der Trainer sollte stimmlich unterstützend wirken, vor und während der Schussabgabe mit dem Dummy Launcher beispielsweise »Looos!« brüllen. Seien Sie aktiv, rennen Sie und jubeln Sie laut, wenn Sie die Beute haben. Zwischendurch darf Ihr Hund apportieren. Das mit dem Dummy Launcher abgefeuerte Hartgummi-Dummy spielt nach wie vor überhaupt keine Rolle. Der Trainer rückt nach jedem Schuss immer etwas dichter zu Ihnen und Ihrem Racker auf – die Distanz verringert sich, der Knall wird dadurch intensiver und der Azubi muss schließlich auf dem Weg zum geworfenen Dummy die nach abgebranntem Zündpulver riechende Luft passieren. Überfordern Sie aber Ihren Jungspund nicht. Gewähren Sie ihm etwas Zeit, die Situation zu verarbeiten, und machen Sie zwischendurch eine Pause.

Wenn alles klappt – schnallen!

Hat Ihr Schützling die Schussfolgen problemlos gemeistert, können Sie ihn wahlweise auch ohne Leine neben sich laufen lassen. Der Trainer feuert nun von seinem Dummy Launcher nur noch das aufgeschraubte Dummy ab – es gibt also kein gleichzeitig in die Luft geworfenes Ablenkungsdummy mehr. Schussknall und abgefeuertes Hartgummi-Dummy stehen jetzt direkt im Zusammenhang. Optimal ist es, wenn es mit einem Balg oder einem Stückchen Rehwild-Decke überzogen ist, weil es dann erfahrungsgemäß für Ihren Racker besonders attraktiv ist.

Los geht's: Wieder starten Hund und Sie und laufen auf den Trainer zu. Dieser gibt einen Schuss mit dem Launcher Richtung Boden ab. Das Hartgummi-Dummy prallt zurück und wirbelt durch die Luft. Das ist natürlich Absicht, weil diese Bewegung jetzt einen starken Reiz auf Ihren Schützling ausübt. Nun auf das Dummy erneut mit lautem Gejohle zustürmen und Ihren Hund Beute machen lassen. Anschließend – wie immer – tauschen! Entwickeln Sie ein Gespür dafür, was Sie Ihrem Schützling zumuten können und wann es doch besser ist, eine Pause einzulegen und ein anderes Mal weiterzumachen. Schließlich soll auch die Dummy-Launcher-Übung immer einen positiven Abschluss finden, nach dem Motto: Knall = Aktion und Beute sichern!

Freies Folgen

Zur Erholung können Sie zwischendurch freies Folgen üben – lassen Sie dafür Ihren Racker »Sitz« machen und stülpen Sie ihm die Halsung inklusive Leine ab, sofern er noch angeleint ist. Dann agieren Sie einfach so, als wenn Ihr Azubi am Riemen nehmen Ihnen läuft (siehe S. 82). Zeigen Sie deutlich an, in welche Richtung es geht, wann Sie stoppen etc. Richtungs- und Tempowechsel machen das Ganze dann noch interessanter.

Verliert der Racker den Anschluss, klopfen Sie motivierend auf Ihren Oberschenkel, damit er Kontakt hält. Ist der Jungspund unaufmerksam, schnalzen Sie mit der Zunge, schon nimmt er Blickkontakt zu Ihnen auf. Zwischendurch können Sie auch gern ein Apportel verlieren, das Ihnen Ihr Azubi sicher stolz bringen wird. Sorgen Sie für Spannung und Abwechslung – Sie werden sehen, er folgt Ihnen auf Schritt und Tritt und die Übergänge werden immer fließender.

① Charly ist an der Leine und wird durch Julias leicht angewinkelte Knie und hohen Zeigefinger ins »Sitz« positioniert.
② Ruck, zuck Halsung inklusive Leine abgenommen und schon geht es weiter.
③ Kurze Trippelschritte signalisieren dem Spaniel, dass Tempo raugenommen wird.
④ Richtungswechsel! Charly hat aufgepasst und hält mit, auch wenn er durch die vorherigen Übungen etwas müde ist.

Übersicht der Pfeifsignale

Greifen Sie gern während der Hundeschule öfter zur Trillerpfeife, denn das Pfeifen – egal ob Doppelpfiff, Triller oder richtungsweisender, lang anhaltender Pfiff – ist stets neutral, ist also frei von Stimmungsschwankungen. Außerdem schont die Trillerpfeife Ihre Stimme und ist zudem auch bei Wind, Regen oder Sturm durchdringender. Sofern Wild in der Nähe ist, erträgt es den Pfiff besser als die menschliche Stimme.

Kurzer Doppelpfiff

Diese Pfeifsignal kennt der Hund bereits (siehe S. 64). Kurzer Doppelpfiff heißt für ihn: Ich soll sofort zu Frauchen oder Herrchen kommen. Die Umsetzung dieser Botschaft sollte selbst dann funktionieren, wenn der Jungspund abgelenkt ist, beispielsweise am Wegesrand interessiert umherschnüffelt. Ignoriert er jedoch den Doppelpfiff, sollten Sie dieses Signal nicht wiederholen, sondern stattdessen dem Racker Beine machen – dafür müssen Sie aktiv sein und Druck aufbauen. Spurten Sie sofort auf Ihren Schützling zu. Dreht er sich zu Ihnen um, sofort in die Hocke gehen, freundlich schauen und die Arme ausbreiten.

Denken Sie daran: Ihr Azubi darf keinesfalls lernen, dass der Doppelpfiff unwichtig sei. Folgt er dem Signal nicht, setzen Sie hinterher!

Kurzer Doppelpfiff, schon dreht Charly sich um. Kaum geht Julia in die Hocke und breitet ihre Arme aus, lässt dieses Signal den Spaniel den Turbo zünden.

Diese »kleinen«, vielleicht auf den ersten Blick belanglos erscheinenden Signale müssen klappen, damit es später auch mit den »großen«, wichtigen funktioniert. Im Klartext: Wenn das Heranpfeifen des Rackers schon beim Beschnuppern des Wegesrandes nicht klappt, wieso sollte sich der Jungspund dann später von Ihnen von einem aufstehenden Hasen abpfeifen lassen?

Durchdringender Trillerpfiff (je nach Entwicklungsstand)

Der Trillerpfiff dagegen ist neu für den Azubi und beeindruckt durch den durchdringenden, »scharfen« Ton. Der Triller hat nur eine Bedeutung: Stopp! Beende sofort das, was du gerade tust! Ob der Hund später Richtung Straße läuft, ein Reh hetzt oder, oder, oder.

Vermitteln Sie jedoch Ihrem Jungspund in dieser Entwicklungsphase den Triller zuerst einmal positiv. Beispiel: Ihr Azubi soll einen Dummy holen, ist auf der Suche danach. Trillern Sie! In dem Moment wird der Hund zu Ihnen schauen, weil er den durchdringenden Pfiff noch nicht kennt. Jetzt pfeifen Sie den normalen Doppelton, damit der Racker in Ihre Richtung kommt. Gleichzeitig werfen Sie für ihn sichtig und als Ansporn einen zweiten Dummy aus und schicken ihn mit der richtungsweisenden Geste dorthin. Hat er es gebracht, darf er den anderen erneut suchen.

Diesen Verhaltensabbruch per Triller kann man beispielsweise auch üben, wenn Ihr Azubi mit anderen Hunden herumtollt. Nur Mut, trillern Sie. Verharrt der Racker: Doppelpfiff. Jetzt kommt er freudig zu Ihnen und wird mit Futter belohnt. Aber Achtung: Sie sollten in dieser Übungsphase immer nur dann trillern, wenn Sie auch die Chance haben, bei Nichtfolgen sofort einzugreifen – durch Ablenkung mithilfe eines Dummy-Wurfs oder Sprinterqualitäten. Und noch eins: Nicht jeder Junghund kann jetzt schon mit diesem Druck umgehen, besonders wenn er extrem sensibel ist. Wenn Sie solch einen Hund führen, machen Sie die Übung erst, wenn er acht oder neun Monate alt ist. Das gilt auch für die nachstehende Übung.

Triller mit Stopp und »Platz«

Es ist bereits die halbe Miete, wenn der Trillerpfiff Ihren Racker in jeder Situation stoppen lässt. Darauf baut jetzt der nächste

Der Triller und die ausgestreckte, flache Hand signalisieren Charly, nicht mehr weiterzusuchen, sondern zu stoppen.

Julia drückt den Spaniel förmlich durch ihre gespannte Handfläche auf den Boden.

Charly liegt schließlich im Gras. Jetzt gilt es, das Signal zu festigen. Das Stoppen auf den Triller kann überlebenswichtig sein.

Schritt auf, denn das »klassische« Verhalten, das der Azubi auf den Triller zeigen soll, ist das Stoppen inklusive Hinlegen. Da Ihr Schützling bereits die Geste für »Platz« kennt (siehe S. 86), sollte ihm das Hinlegen auf Triller recht einfach zu vermitteln sein.

Ihr Hund ist vor Ihnen. Heben Sie Ihren Arm mit der geöffneten Handfläche über Ihren Kopf und trillern Sie. Dabei drücken Sie den ausgestreckten Arm nach unten und beugen auch Ihren Oberkörper herab. Liegt der Hund, entspannen Sie sich. Will der Racker jedoch wieder aufstehen, trillern Sie ihn erneut ins »Platz«. Entfernen Sie sich anschließend ein paar Meter.

Lassen Sie anfangs ruhig ein paar Sekunden vergehen, bis Sie den Hund wieder »entlassen« – ein kurzer Doppelpfiff und schon ist er an Ihrer Seite.

Langer Pfiff ist richtungsweisend

Es ist außerordentlich praktisch, wenn sich Ihr Schützling lenken lässt – ob bei der Quersuche im Feld oder bei der Arbeit im Gewässer. Doch auch hier gilt die alte Regel: Erst was an Land zuverlässig klappt, funktioniert auch im Wasser.

Sie haben Ihrem Hund ja bereits durch Gesten bei der einen oder anderen Suche an Land wertvolle Unterstützung gegeben (siehe S. 100). Jetzt untermalen Sie diese Geste zusätzlich mit einem langgezogenen Pfeifsignal.

Schicken Sie Ihren Azubi durch die Wiese oder über das Feld. Zeigen Sie dorthin, wo er suchen soll und unterstützen Sie diese Geste mit einem lang anhaltenden Pfiff. Lassen Sie ihn ein wenig suchen und werfen Sie in die entgegengesetzten Richtung ein Dummy aus, ohne dass Ihr Jungspund davon etwas mitbekommt. Der stark auf Sie bezogene Hund wird sich schließlich zu Ihnen umdrehen und Blickkontakt zu Ihnen aufnehmen, er wartet ja auf Ihre Hilfe. In dem Moment pfeifen Sie wieder langanhaltend und zeigen in die Richtung, in die Sie eben das Dummy geworfen haben. Sie leiten Ihren Azubi durch Ihren Wink und den Pfiff förmlich zum Ziel, zur Beute. Hat er gefunden, freuen Sie sich mit ihm, lassen ihn das Apportel bringen, tauschen und schicken den Racker erneut mit Geste und Pfiff nach links oder rechts. Ihr Schützling lernt, dass er durch Ihre Unterstützung, Ihre Richtungsanweisungen, Ihren langanhaltenden Pfiff zum Ziel, zum Dummy, kommt.

In die Tiefe suchen

Der Hund sucht das Gebiet im Zickzackmuster ab. Soll er mehr in die Tiefe suchen, pfeifen Sie erneut lang anhaltend und richten Ihre beiden Arme in die Richtung aus, in die der Azubi »Voran« suchen soll (siehe S. 100). Perfekt, wenn er auch dort Beute findet.

Beherrscht der Azubi die Manöver im Feld, können Sie sie natürlich auch im Gewässer üben. Auch hier sollten Sie Ihren Jungspund gezielt zu vorher ausgelegten, beziehungsweise ausgeworfenen Schwimmdummies schicken.

Später, zum Beispiel auf der Entenjagd, zahlt sich dieses unaufgeregte Lenken per Pfiff spätestens dann aus, wenn Ihr Hund eine für ihn nicht sichtig ins Wasser gefallene erlegte Ente apportieren soll, von der er – aus welchen Gründen auch immer – keinen Wind bekommt.

Per Pfiff und Handzeichen lässt sich Charly wie ferngesteuert bei seiner Suche durch die Wiese lenken.

Hier leitet er sein Wendemanöver ein, ausgelöst durch Julias zweiten, lang anhaltenden Pfiff.

Und schon geht es in die entgegengesetzte Richtung weiter.

Das kleine Enten-Diplom

Ihr Azubi nimmt inzwischen freudig das Gewässer an und apportiert zuverlässig sichtig ausgeworfene Apportel aus dem Wasser. Auch hier können Sie jetzt den Schwierigkeitsgrad erhöhen. Lassen Sie Ihren Racker im »Bleib« am Rucksack warten, aber so, dass er sie nicht beobachten kann. Befestigen Sie dann eine Entenschwinge an einem Apportel und schleppen es mit der Reizangel über den Uferbereich bis hin zum Wasser. Dort angekommen, ziehen Sie das Entendummy ein paar Meter seitlich durchs Wasser – damit eine Schwimmspur entsteht – lösen es schließlich von der Reizangel und lassen es am Ende der Schwimmspur im Wasser treiben. Jetzt schnell zurück zu Ihrem Hund, denn die Wittrung der Schwimmspur steht nicht allzu lange!

Setzen Sie ihn am Uferbereich an dem Ausgangspunkt der Schleppe an und lassen Sie ihn dabei ohne Riemen arbeiten. Er wird sich auf der Schleppspur mit der Entenwittrung festsaugen und schließlich zum Übergang Land-Wasser gelangen. Dort nimmt er die Wittrung der Schwimm-Schleppspur auf. Falls nicht, helfen Sie ihm dabei und beugen Sie sich am Übergang herunter. Beschnüffeln Sie intensiv die Wasseroberfläche, so als ob Sie die Wittrung aufsaugen würden. Ihr Welpe wird sich an Sie koppeln und der Schwimmspur ins Wasser folgen.

Hat er schließlich das Entenapportel gefunden, motivieren Sie ihn, zu Ihnen an Land zu kommen. Sobald der Racker wieder festen Boden unter den Pfoten hat, lassen Sie ihm möglichst keine Zeit, sich zu schütteln oder gar das Apportel fallen zu lassen! Beschäftigen Sie ihn stattdessen, freuen Sie sich, klatschen Sie in die Hände und motivieren Sie ihn, Ihnen zum Ausgangspunkt, dem Rucksack, zu folgen. Hier wird dann wie immer in Ruhe getauscht.

TIPP

Die Tropfspur hält sich am besten, wenn das Wasser ruhig ist, es also windstill ist. Der Hund lernt, dass er mit Hilfe dieser Spur an sein Ziel kommt.

Das zuvor ins Wasser eingetauchte Entenapportel hinterlässt in jedem Tropfen Wittrung.

Das große Enten-Diplom

Selbstverständlich gibt es auch das große Enten-Diplom. Hier bauen Sie zusätzlich zur Schwimmspur eine Tropfspur ein. Diese Tropfspur ähnelt der einer Ente, die geflügelt ist und versucht, über die Wasseroberfläche zu flüchten.

Nachdem Sie mit dem Entenapportel eine Schwimmspur gezogen haben, gehen Sie vorsichtig (damit die Schwimmspur nicht auseinandertreibt!) ins Wasser, lösen das Dummy von der Reizangel und werfen es von unten ausgehend in einem flachen Bogen in die Mitte des Gewässers. Beim Werfen verliert das nasse Entenapportel unzählige Tropfen, die schließlich auf der Wasseroberfläche aufkommen. In jedem dieser Tropfen hängen Geruchsstoffe des Entenapportels. Auf dem Wasser bleibt also nicht nur die Schwimmspur, sondern auch die Tropfspur zurück, die dem Jungspund beziehungsweise dessen Nase den Weg weist. Knackt Ihr Racker diese Aufgabe hat er das große Enten-Diplom bestanden.

Das kleine Enten-Diplom:

① An der großen Pfütze inmitten der Wiese zieht Julia das Dummy mit Entenschwinge per Reizangel hinter sich her und legt so zuerst eine Schlepp- und dann eine Schwimmspur.

② Charly arbeitet die Schleppspur auf der Wiese aus und kommt schließlich an den Übergang. Er bekommt Wittrung von der Schwimmspur.

③ Am Ende wird sein Einsatz belohnt – er findet das Entenapportel.

Den Hund ausquartieren

Bei uns zu Hause hat unser Spaniel bis zur zehnten Woche im Schlafzimmer im Kennel übernachtet. Er hat die Nächte durchgeschlafen, und es ist daher für uns an der Zeit, den Racker auf seinen normalen Hundeplatz im Haus umzuquartieren.

Sie haben Ihren Hund ja bereits öfter tagsüber für eine kurze Zeit allein gelassen (siehe S. 91), daher sollte es auch kein Problem darstellen, ihn in der Nacht dort zu lassen. Das Prozedere ist so wie immer. Bevor Nachtruhe angesagt ist, hat er ausgiebig Zeit, sich zu lösen. Anschließend schicken Sie ihn freundlich auf seinen Hundeplatz, dieses Mal nicht im Schlafzimmer, sondern dort, wo Ihr Azubi auch tagsüber liegt. Selbstverständlich können Sie auch den Kennel neben das Körbchen stellen – das verdeutlicht dem Jungspund, dass sein Schlafplatz nicht weiter in Ihrer unmittelbaren Nähe steht.

Charlys Behänge werden kurzerhand per Zopfgummi hochgebunden, damit sie nicht in den Fressnapf hängen.

Überlassen Sie dem Racker, ob er Körbchen oder Kennel bevorzugt – will der Hund jedoch nachprellen, weil Sie ohne ihn Richtung Schlafzimmer gehen, schicken Sie ihn wieder dorthin zurück, wo er hergekommen ist. Der Kennel bleibt selbstverständlich offen. Sofern es das Modell zulässt, sollten Sie die Gittertür abbauen.

Störenfried in der Nacht

Kommt Ihr Schützling dann in der Nacht zu Ihnen, sollten Sie inzwischen selbst beurteilen können, ob ihm die Nähe zu Ihnen fehlt oder ob eventuell doch die Blase drückt. Sind mindestens drei Stunden nach dem letzten abendlichen Bächlein vergangen, gehen Sie mit ihm gemeinsam vor die Tür in den Garten. Auch wenn den Racker vielleicht nur die Sehnsucht zu Ihnen plagte, hat er jetzt die Gelegenheit, laufen zu lassen. Anschließend weisen Sie Ihrem Schützling wieder seinen Hundeplatz zu. Steht er kurz darauf erneut vor Ihrem Bett, schicken Sie ihn wieder zurück. Diese Szene ähnelt der Situation, als der Welpe in der ersten Woche in seinem Kennel zur Ruhe finden sollte (siehe S. 36). Bleiben Sie auch hier – wie immer – gelassen und konsequent, Sie werden sehen, der kleine Racker wird sich schließlich mit der räumlichen Trennung von Ihnen abfinden und sich ins Körbchen oder seinen Kennel legen.

Eine Portion weniger am Tag

Die Fressensrationen können ab der 12. Woche von viermal täglich auf dreimal umgestellt werden. Doch unabhängig davon, wie oft Ihr Hund Fressen bekommt – er wird wie immer ins »Sitz« gebracht (siehe S. 89), bevor er an den Napf darf. Ist ein zweiter Hund im Haus, gilt die Regel natürlich auch für ihn. Konkurrenz hin, Konkurrenz her – hier dürfen beide erst ran an den Speck, wenn es heißt:

»Komm.« Hat der eine Hund seine Portion schneller verputzt, muss er so lange warten, bis der andere ebenfalls fertig ist. Niemand darf dem anderen etwas stibitzen. Greifen Sie in solch einem Fall reglementierend ein, blocken Sie die »Raupe Nimmersatt« ab von dem noch fressenden anderen Hund – Sie haben alles im Griff! Erst wenn beide fertig sind, dürfen sie die Näpfe des anderen inspizieren. Und wenn noch ein Rest darin verborgen ist – bitte schön!

Zahnwechsel

Zwischen dem vierten und siebten Monat findet bei dem Hund üblicherweise der Zahnwechsel statt. Wann der Zahnwechsel abgeschlossen ist, hängt von der jeweiligen Hunderasse ab. In dieser Phase ist das Apportieren unter Umständen für den einen oder anderen angehenden »Halbstarken« etwas schwierig, daher sollten Sie in dieser Phase vorsichtig und verständnisvoll agieren und gegebenenfalls die Apport-Übungen reduzieren.

Mit kurzer Jacke

Doch nicht nur das Herausschieben der Milchzähne leitet das Ende des Welpendaseins ein, auch die Fellstruktur ändert sich. Die Jacke ist inzwischen eventuell drahtig oder lang oder flusig oder eben alles zusammen. Das sieht meist alles andere als adrett aus und bringt außerdem noch eine Menge Dreck mit ins Haus.

Mit unserem Spaniel müssen wir alle fünf Monate zum Hundefriseur – dann bekommt er eine Kurzhaarfrisur verpasst. Schließlich soll er nicht nur ein angenehm erzogener Gefährte sein, sondern auch mit gepflegtem Aussehen glänzen. Das ist besonders in schneereichen Wintern wichtig, denn zwischen

Charly lässt das Scheren über sich ergehen. Das Ergebnis: ein pflegeleichter Sommerhaarschnitt.

den Ballen müssen die Haare besonders kurz geschnitten sein – sonst sammeln sich hier Eiskristalle (siehe S. 26 Pfoten-Schutz-Schuhe).

Hunde Huckepack

Ihr Rucksack ist Ihrem Azubi bereits seit Wochen bestens vertraut, als Tauschplatz, als Ausgangspunkt und als grüner Bereich im »Bleib«. Jetzt lernt Ihr Racker, sofern es seine Größe zulässt, den Rucksack als reale »Höhle« kennen.

Gewöhnen Sie Ihren Hund schon frühzeitig daran, zwischendurch in den Rucksack zu kommen. Vielleicht ist es eines Tages mal ganz nützlich – wenn Sie beispielsweise einen Ausflug per Rad unternehmen und Ihr Schützling dabei nicht die gesamte Wegstrecke auf dem Asphalt zurücklegen soll. Oder wenn er Huckepack genommen werden muss, zum Beispiel während einer Drückjagd, bei der er vielleicht einmal an seine Grenzen stößt. Oder wenn Sie Ihren Azubi auf dem Entenstrich mit dabeihaben – trägt er eine bunte Jacke (schwarz-weißes oder hellgelbes Fell), schlüpft er einfach in den unauffälligen Rucksack. Dann ist Ihr Racker für heranstreichende Breitschnäbel nur schwer auszumachen.

Natürlich ist es auch äußerst praktisch, den Azubi per Rucksack mit auf den Hochsitz zu nehmen. Aber Achtung: Sitzt er während der Schussabgabe in Ihrer unmittelbaren Nähe, kann das zu bleibenden Hörschäden führen und darüber hinaus Schussscheue oder Schusshitzigkeit fördern. Wenn Sie Ihren Jungspund trotz alledem dabeihaben wollen, verpassen Sie ihm einen Hunde-Gehörschutz.

Der Rucksack ist vielseitig einsetzbar. Charly schaut zwar nicht begeistert, aber was soll's – besser, als zu laufen!

Gegen Zecken schützen

Zecken haben es in sich, sie übertragen durch ihren Stich beispielsweise Borreliose und Frühsommermeningoenzephalitis, kurz FSME. Für Mensch und Hund sind beide Infektionskrankheiten gleichermaßen gefährlich.

Die Qual der Wahl

Der Markt von Anti-Zecken-Mitteln für den Hund ist voll, man unterscheidet im Wesentlichen zwischen diesen vier Varianten:

1. Anti-Zecken-Halsband (erst ab sechs Monaten): Per Anti-Zecken-Halsband werden die Wirkstoffe auf Fell und Haut transportiert. Lassen Sie Ihren Hund schwimmen, bietet es sich an, das Halsband vorher abzunehmen, damit die Quelle des Wirkstoffs nicht ausgespült wird. Sind Kleinkinder im Haus, dürfen sie mit dem Halsband nicht in Berührung kommen – oder eine andere Variante muss her.

2. Spot-on-Pipetten (erst ab sechs Monaten): Diese Lösungen werden von den Hunden sehr gut vertragen, allerdings spülen sich bei Vielschwimmern die Wirkstoffe aus dem Fell schnell heraus. Achtung: Teilweise sind die Lösungen für Katzen hochgiftig.

3. Bio-Spot-on (auch für Welpen geeignet): Hier werden unter anderem die Einzelkomponenten Bierhefe, Kokosöl und Schwarzkümmelöl eingesetzt. Mischt man regelmäßig einige Tropfen unter das Futter, werden Flöhe und Zecken abgewehrt.

4. Kautablette (ab zwei Monaten): Die Kautablette ist rund vier bis zwölf Wochen wirksam, je nach Dosierung. Ihr Wirkstoff geht direkt in den Blutkreislauf. Im Gegensatz zu den anderen zuvor aufgeführten Mitteln muss die Zecke allerdings erst zustechen, damit sie stirbt. Bei den Anti-Zecken-Halsbändern und den Spot-on-Lösungen werden die Blutsauger im optimalen Fall bereits vor dem Stich abgetötet. Das bedeutet in Bezug auf die Kautablette: Ihr Hund kann sich unter Umständen mit Krankheiten infizieren. Tierärzte sind allerdings der Ansicht, dass das Mittel so rasant wirkt, dass die blutsaugende Zecke in kürzester Zeit stirbt. Und da eine Übertragung von Krankheiten angeblich erst zwei bis sechs Stunden nach dem »Andocken« stattfindet, ist die Wahrscheinlichkeit extrem gering. Ist Ihr Hund viel im Wasser unterwegs, können Sie ihn gelassen dabei beobachten: Die Wirkstoffe der Kautablette sitzen ja im Blutkreislauf und nicht im Fell.

Plagegeister richtig entfernen

Ist es aber trotz aller Vorsichtsmaßnahmen doch einmal passiert, dass Ihr Hund zum Blutspender auserkoren wurde, greifen Sie zur Zeckenzange oder Zeckenkarte, keineswegs zu Ballistol, Nagellackentferner oder anderen Hausmittelchen. Damit erreichen Sie nur das Gegenteil: Die Zecke übergibt sich unter Umständen über der Einstichstelle und es werden Bakterien und Viren in die Blutbahn gespuckt.

Babesiose

Reisen Sie mit Ihrem Hund nach Süd- oder Osteuropa, ist extreme Vorsicht geboten, Stichwort Babesiose. Dieser aggressive Erreger wird durch die Auwald-Zecke übertragen. Gerät Ihr Hund in eine Beißerei mit einem bereits infizierten Hund, ist die Übertragung auch über die Bissverletzung per Blutkontakt möglich. Die Symptome für Babesiose sind sehr vielfältig, reichen von Fieber, Fressunlust, Abgeschlagenheit, blassen Schleimhäuten bis hin zu Blut im Urin und können Tage bis Monate nach dem Zeckenbiss auftreten, häufig nach vier bis 21 Tagen. Auch der plötzliche Tod ist möglich.

Von der Theorie …

… in die Praxis. Und das heißt für Charly: Auf, auf zum fröhlichen Jagen! Ob auf Schalen- oder Flugwild, ob zum Stöbern, Apport oder zur Nachsuche.

Eigensinnige Naturtalente

Für mich war es schon als Kind das Größte, als Treiber bei unser Drückjagd mitzulaufen. Natürlich hatte ich immer einen Hund dabei, genau wie meine drei älteren Geschwister. Jeder von uns führte »seinen« Rauhaarteckel bis zur ersten Dickung. Dort wurden die Hunde geschnallt und weg waren sie! Natürlich jagten sie hervorragend an Sauen und auch der eine oder andere Fuchs wurde in seinem Bau von ihnen aufgemischt. Nur mit dem Zurückkommen und dem Koppeln an der Treiberwehr oder am Hundeführerkind happerte es gewaltig. Die Teckel scherten sich um nichts und jagten, wie sie lustig waren!

Wir Kinder riefen und pfiffen – die Treiberwehr konnte die Namen von Hexe, Gipsy, Klopfer und Eule bald auswendig. Doch die Teckel ignorierten die Rufe, sie machten einfach »ihr Ding«. Damals gab es noch kein GPS und natürlich sorgten wir uns um unsere kleinen Haudegen, wenn wir sie über einen längeren Zeitraum nicht mehr gesehen hatten. Steckten sie vielleicht im Fuchsbau? Oder jagten sie im Nachbarbogen? Oder waren sie gleich mit der ersten Rotte Sauen durchgestartet? Mit etwas Glück waren unsere »Naturtalente« zur Mittagspause wieder zurück und stellten sich – wie Treiber und Schützen – zur Erbsensuppe auf dem Hof ein. Die Jagd fand rund um unsere eigene Scholle statt und die Teckel kannten sich in ihrem Revier bestens aus, denn meist kamen unsere Racker erst abends zurück – wenn die Strecke im Fackelschein verblasen wurde und es sie ins wohlig warme Haus zog.

Schon damals bewunderte ich die Hundeführer, die so jagten, als wären Teckel, Terrier, Wachtel & Co. mit ihnen an einem unsichtbaren Band verbunden. Die Hunde wurden an der Dickung geschnallt, sie brachten das Wild auf die Läufe und kamen sogar wieder zurück! Und das hatte augenscheinlich wenig mit der Hunderasse zu tun. Ich habe es mit eigenen Augen gesehen: Auch Dackel können sich an ihren Hundeführer koppeln!

Auf den Spaniel gekommen

Trotzdem jage ich später nicht mit Teckeln, sondern mit eigenen Foxterriern. Sie sind im Vergleich zu den Dachshunden hochläufig und daher auch bei Schnee einsatzbereit. Die Foxl haben ein ausgeglichenes, munteres Wesen, sind temperamentvoll, intelligent, apportierfreudig und griffig auf Sauen – genau die richtigen Zutaten für meine Art zu jagen. Natürlich ist es in erster Linie meiner eigenen Bodenjagdpassion geschuldet, dass meine Terrier auch auf Drückjagden, wenn sie es eigentlich nicht sollen, gern unter Tage sind. Vor allem dann, wenn die Sauen aushäusig sind – da nützt die engste Bindung zum Hundeführer wenig. Es nervt natürlich ungemein, wenn die Treiberwehr weiterwill, und man auf dem Bau steht und auf seine Hunde wartert.

Mit ein Grund, weshalb ich mich beim nächsten Hund nicht für einen Foxterrier, sondern für einen klassischen Stöberhund entscheide, den Jagdspaniel. Ich muss mich zwar von der Baujagd verabschieden, aber das ist zu verschmerzen. Schließlich hat auch die winterliche Ansitzjagd ihren Reiz. Im Alter wird man tatsächlich ruhiger.

Zurückkommen ist der Schlüssel zum Erfolg

Mein Jagdspaniel Charly ist von klein auf gewöhnt, eng Kontakt zu mir zu halten – das macht sich jetzt in der Praxis bei den Drückjagden bezahlt. Sobald ich ihn im Treiben schnalle, gibt er zwar Vollgas und stöbert fleißig, vergisst mich dabei aber nicht und kehrt immer wieder zurück. Er jagt die Rotte Sauen an, verfolgt sie und setzt nach. Doch nach einigen hundert Metern ist er wieder zur Stelle. Und das macht durchaus Sinn – sind die Sauen erst einmal auf den Läufen, stecken sie sich nicht wieder so schnell. Vor allem wenn sie unter Feuer genommen werden, starten sie durch. Was nützt mir mein Hund, wenn er einen Kilometer von mit entfernt dem Schwarzwild weiter hinterherhetzt? Zugegeben, Charly bleibt länger am Wild, wenn andere Hunde mit von der Partie sind. Konkurrenz, Beuteneid – hier spielen mehrere Faktoren eine Rolle. Aber trotzdem spürt sich Charly auf seiner eigenen Fährte (siehe S. 96) zügig zurück zu mir. Er schaut, wo ich bleibe, ob ich noch da bin, und versucht neue Fährten auszumachen.

Gemeinsam Beute machen

Natürlich ist es immer etwas Besonderes, direkt mit dem Hund Beute zu machen. Auf einer unserer ersten Drückjagden in Schleswig-Holstein drückt Charly mir, wohl eher zufällig, eine Rotte Sauen zu. Der für mich zuständige Treiberwehrführer sieht das und ruft mir zu. »Schieß, wenn sie bei dir aus der Dickung kommen!« Die erste Kugel verursacht Flurschaden, die anderen zwei treffen und Sekunden später bewindet Charly noch recht verhalten und vorsichtig »seine« zwei Frischlinge. Die restlichen Schwarzkittel flüchten im Schweinsgalopp übers offene Feld davon ins nächste Treiben. Ich halte mich nicht lange mit den Frischlingen auf, ziehe sie an den Übergang zwischen Wald und Feld, damit der Bergetrupp sie anschließend gut finden kann, und weiter geht's. Charly kommt gar nicht in die Versuchung, das Wild anzuschneiden, sondern heftet sich einfach an meine Fersen, stöbert anschließend noch den einen oder anderen Schwarzkittel auf und hält weiter schön Kontakt. Ich muss weder pfeifen noch nach ihm rufen. Und: Er passt in keinen Fuchsbau!

Immer weiß es einer besser

Beim Streckelegen kommt ein alter Freund auf mich zu, der ebenfalls bei uns in der Treiberwehr mitgelaufen ist, allerdings als Durchgehschütze. »Na, dein Spaniel ist ja vielleicht eine Flöte« – das sagt ausgerechnet jemand zu mir, der in seinem Leben noch nicht einen einzigen Jagdhund ausgebildet hat. »Warum?«, frage ich. Aber eigentlich kenne ich seine Antwort schon und richtig: »Der jagt ja nur halb! Der findet zwar das Wild, setzt aber viel zu kurz hinterher. Da muss er doch weiter dranbleiben! Aber was macht er? Er bricht ab, schon nach zwei- oder dreihundert Metern kehrt er um.« Ich klopfe dem Freund lässig auf die Schulter, lasse ihn mit einem »Dann hat er ja alles richtig gemacht« stehen und reihe mich zwischen den Jagdhornbläsern ein.

Charlys erste Drückjagd auf Schwarzwild – Sauen gab es in Massen.

Jeder formt sich seinen Jagdhund selbst. Und ich möchte einen Hund haben, der mit mir gemeinsam auf der Drückjagd jagt und der mit mir zum Streckenplatz zurückkehrt – das ist für mich persönlich gemeinsames, entspanntes Jagen.

Praxis sammeln

Auf den nächsten Drückjagden wird Charly mutiger, er jagt beherzter – je mehr Erfahrung er hat, umso besser wird er am Schwarzwild, wen wundert's. Auf einer Drückjagd auf der Schwäbischen Alb arbeitet er sauber die Spur eines krank geschossenen Frischlings aus und stellt ihn laut im lichten Bestand. Ich nähere mich vorsichtig mit geladener Waffe, und als Charly genügend Abstand hält, trage ich dem Schwarzkittel einen Fangschuss an. Mit reichlich Respekt bewindet Charly den Frischling. Das sind Erlebnisse, die mein Hund und ich brauchen – das gemeinsame Beute machen koppelt den Hund noch stärker an mich.

Reagieren mit Köpfchen

Auf der Jagd kann sich Ihr Hund in der einen oder anderen Situation unter Umständen verselbstständigen. Sie haben ihn ja nicht permanent in Ihrem Sichtfeld und können ihn daher nicht unbedingt immer kontrollieren.

Drücken Sie beispielsweise eine bürstendichte Dickung durch, kann natürlich auch einmal direkt vor Ihrem Hund Rehwild abspringen, ohne dass Sie davon etwas mitbekommen. Der Hund jagt dann entweder sicht- oder spurlaut hinterher. Wenn Sie in dem Fall pfeifen oder trillern, können Sie oftmals nicht beobachten, wie und ob Ihr Hund überhaupt reagiert. Beachtet er den Pfiff nicht und hetzt weiter, lernt er unter Umständen, dieses Signal zu ignorieren, was auf keinen Fall passieren sollte. Daher gilt es immer abzuwägen – wann greife ich ein, wann nicht? Anders sieht es aus, wenn Sie mit Ihrem Hund durch den lichten Bestand gehen und ein Stück Rehwild oder ein Hase Ihren Weg kreuzt. Hier können Sie sofort auf Ihren Hund eingehen, ihn mit »Nein« reglementieren, sobald er die Fährte bzw. Spur anfallen will. Sich in solch einer Situation durchzusetzen ist sehr viel einfacher als im unübersichtlichen Gelände, zumal Sie dort auch meist nicht wissen können, ob Ihr Hund tatsächlich an einem Stück Rehwild jagt oder doch an Sauen.

Noch einmal anders wird es, wenn weitere Hunde im Treiben sind, die Ihren Schützling mitreißen. Auch das habe ich bei Charly erlebt – Rehwild wird natürlich noch viel interessanter, wenn sich andere Hunde auf die Fährte heften.

Vor allem zu Beginn eines Treibens scheint mir mein Spaniel extrem motiviert zu sein – da er aber recht kurz jagt, hält er sich mit Rehwild & Co. nicht länger auf und ist wieder ruck, zuck um mich herum. Dabei ist es dann völlig nebensächlich, wie lange die anderen Hunde dem Stück Rehwild folgen.

Zum Stück führen

Anfang Mai, es ist 5.20 Uhr in der Früh: Der von mir beschossene Jährling flüchtet zehn Meter von der Wiese zurück in den Wald. Er taucht einfach in der Dickung ab. Ich nehme die Waffe herunter. Gibt's doch nicht. Ich war doch gut drauf! Entgeistert schaue ich auf die inzwischen rausrepetierte Hülse im Kaliber .300 Win. Mag. in meinen Händen. Am Kaliber hat es mit Sicherheit nicht gelegen! Und nun? Ich zwinge mich, eine Viertelstunde abzuwarten, baume dann leise ab und gehe zurück zum Auto. Dort, im Kofferraum in seiner Box ruhend, wartet ein sichtlich entspannter Charly auf mich.

Ich krame den Schweißriemen hervor. Der Spaniel schaut jetzt ziemlich erwartungsfroh. Halsung rübergestülpt und leise gehen wir Richtung Anschuss über die noch vom Morgentau benetzte Wiese. Es sieht hier überall gleich aus, und ich kann nur schwer einschätzen, wo genau der Anschuss ist. Daher lasse ich den Hund einfach am langen Riemen vorsuchen. Mit extrem tiefer Nase und wedelnder Rute zeigt er mir nach ein paar Metern deutlich an, dass er den Anschuss gefunden hat. Ich bücke mich hinunter. Charly zieht bereits sehr engagiert rechts Richtung Wald, doch ich schaue mir zuerst einmal die Pirschzeichen genauer an. Heller, blasiger Schweiß – Lungentreffer! Also gut, weiter geht's, das Stück muss ja liegen.

Ich folge meinem Hund, der völlig problemlos den Übergang von der Wiese in den Wald meistert. Dichte Fichten reihen sich aneinander, und ich krieche auf allen vieren meinem Spaniel hinterher.

Schritte mitzählen!

Ich habe mir angewöhnt, immer die Meter zu zählen, die ich mich vom Anschuss entferne, damit ich – Pirschzeichen hin oder her – weiß, wann ich abbrechen muss. Weiter als 200 Meter sollte die Nachsuche nie gehen. Denn dann ist es in den meisten Fällen keine »unkomplizierte« Totsuche mehr. Ich schätze, dass wir rund 40 Meter weit gekommen sind, plötzlich hängt der Riemen durch: Ein gutes Zeichen, Charly hat bestimmt gefunden! Ich krabbele einige Meter weiter vorwärts, und richtig, da steht der Spaniel direkt vor dem verendeten Jährling, schaut sich immer wieder zu mir um und wedelt mit der Rute.

Ich freue mich ausgelassen mit Charly, lobe ihn ausgiebig und ziehe schließlich den Bock raus aus dem Wald in die Wiese.

Charly hat seine erste Totsuche auf einen Jährling gemeistert.

Ich habe ihn hinter dem Blatt erwischt – und auch wenn ich es bevorzuge, dass das Wild im Knall mit Blattschuss liegt, waren die Bedingungen für Charlys erste Totsuche hervorragend:

- Keine menschlichen Geruchsstoffe auf dem Anschuss, der Anschuss war 100-prozentig natürlich.
- Das Gras war noch feucht, so konnte sich die frische Wildwittrung hervorragend halten.
- Der Bock war allein, es gab keine Ablenkungsfährten von anderen Stücken.
- Es hatte sich kein anderer Hund »versucht«.

Von Beginn an hat Charly gelernt, mich in Besitz von Beute zu bringen. Warum also sollte das bei der Nachsuche anders sein? Der Spaniel freut sich einfach, mir Beute zu bringen – sei es ein Apportel, sei es eine tote Maus – oder mich zur Beute zu führen, so wie jetzt bei dem nachzusuchenden Stück Rehwild.

Ich breche den Bock auf, Charly bleibt brav im »Sitz« und schaut mir zu. Es gibt kein Geknurre von ihm, kein Gezerre oder gar Anschneiden.

Zu Hause angekommen, wandern Herz und Speiseröhre des Jährlings in den Kochtopf – eine gute halbe Stunde später serviere ich dem Spaniel und der alten Foxlhündin dieses ganz besondere Fressen. Ich könnte schwören, dass Charly weiß, dass das Fleisch von unserem Bock ist und er seinen Anteil in Form dieser Morgengabe bekommt.

Treibjagd auf Enten & Co.

Beim abendlichen Entenstrich möchte ich den Azubi noch nicht einsetzen, schließlich kann ich den Hund in der Dunkelheit schlecht bei seinem Tun beobachten. Außerdem ist es in der Dämmerung schwierig einzuschätzen, ob ein vermeintlich sauber getroffener Breitschnabel tatsächlich auch erlegt ist, oder ob er nicht doch geflügelt und damit tauchfähig ist.

So kommt mir die Einladung gerade recht, bei Tage ein paar Entengewässer abzuklappern.
Der Weiher im bayrischen Allgäu ist mit einigen Schützen abgestellt, die Treiber machen Radau und schon stehen die Enten auf. Ich habe meinen Hund im Auto gelassen; wenn ich ihn brauche, hole ich ihn. Eine Ente streicht über meinen Kopf hinweg, Flinte angebackt, mitgeschwungen – ich sehe deutlich, wie sie tödlich getroffen in den Schilfgürtel fällt. Ich merke mir die Stelle – das ist ein Job für meinen Spaniel.

Ab ins Schilf!

Als der Trieb zu Ende ist, hole ich Charly aus dem Auto und setze ihn so an, dass er von dem Breitschnabel Wind bekommen müsste. Und richtig, schon nimmt er das Wasser an und schwimmt durch das Schilf. Ich kann nichts sehen, nur hören, irgendwo knicken Halme, Wasser platscht, Schilf wird beiseitegedrückt, und siehe da, da ist Charly schon wieder mit der Ente im Fang! Er hat schwer zu schleppen, das Gewicht ist er nicht gewöhnt. Brav apportiert er den Breitschnabel und lässt ihn auch nicht fallen – kein Wunder, andere Hunde schwirren umher, und bevor Charly das Risiko eingeht, dass die Konkurrenz sich die Beute schnappt, übergibt er sie mir lieber sicher in die Hand.
Ich lobe den Spaniel ausgiebig, trockne ihn dann ab und bringe ihn zurück ins Auto.

Zufallsbeute

Wie das so ist auf der Jagd – wir haben noch Zeit, das eine oder andere Feldgehölz anzulaufen, vielleicht steckt ja irgendwo noch ein Hase? Ich habe Charly jetzt an meiner Seite und schicke ihn in den Knick. Laut ratschend will sich ein Eichelhäher mit seinem typisch wackeligen Flugstil davonstehlen. Der »Nussgackl« ist in Bayern frei und ich schieße. Er fällt in das hohe Gras zwischen Dornen und Farn. Charly kommt wegen meiner Schussabgabe neugierig zu mir gerannt, und ich schicke ihn kurzerhand in den Bereich, in dem ich die Beute vermute.

Der Spaniel macht eine Quersuche und verharrt kurz – jetzt hat er Wittrung bekommen. Er macht eine Kehrtwende, zieht ein Stückchen zurück. Deutliches Wedeln mit der Rute zeigt an: gefunden! Nun scheint Charly etwas ratlos zu sein. »Apport!«, rufe ich ihm aufmunternd zu und nach einigem Zögern trägt er mir die Beute zu.

Einfach nur ungewohnt?

Bei der Ente vorher hat es besser geklappt. Zugegeben, ich habe dem Jagdspaniel schon öfter ein Dummy mit daran befestigter Entenschwinge zum Apportieren gegeben. Vielleicht ist ihm die Wittrung des Breitschnabels nicht so fremd wie die des Eichelhähers? Es fällt mir jedenfalls auf, dass Charly den Nussgackl nicht so gern im Fang trägt und unterwegs sogar fallen lässt. Ich zeige mit dem Finger auf den Häher, schnipse und Charly nimmt die Beute wieder auf.

Liegt es vielleicht an dem – im Vergleich zur Ente – etwas piecksigeren, lockeren Federkleid? Nachdenklich nehme ich den Eichelhäher an mich. Einfrieren, dann in ein paar Wochen eine Häher-Schleppe legen und weiter üben.

Auf der Rückfahrt habe ich eine Idee: Vielleicht sollte ich einfach meine alte Foxlhündin mitlaufen lassen, schließlich heißt es doch: Konkurrenz belebt das Geschäft! Mal sehen, wer zuerst bringt!

Charly will die »echte Federbeute« so schnell wie möglich ausgeben.

Zurücknehmen bitte!

Nach dem Einsatz auf der Jagd muss der Hund wieder »runterkommen« und sich in den Alltag fügen. Nutzen Sie sich bietende Gelegenheiten, ihm zu verdeutlichen, dass nicht jeder Tag Jagdtag ist!

Begegnungen provozieren

Was der Hund auf der Jagd darf, darf er noch lange nicht zu Hause oder beim Spaziergang. Bringen Sie ihn daher zurück auf »null« und fordern Sie ein, dass er Ihnen folgt, selbst dann, wenn für ihn die Situation jagdlich zu interpretieren wäre. Bei uns im Allgäu mit den vielen Bauernhöfen ergeben sich während eines Spaziergangs oft Begegnungen mit Hühnern, zahmen Kaninchen oder umherschwardronierenden Katzen. Lassen Sie Ihren Hund in solchen Situationen bei Fußgehen, beobachten Sie ihn genau, damit er Ihnen keinesfalls aus der Hand geht. Ist Ihr Hund jedoch zu erregt, gehen Sie kein unnötiges Risiko ein und leinen Sie ihn besser an.

Lassen Sie Ihren Racker dann beispielsweise »Sitz« machen. Stellen Sie sich demonstrativ auf die Leine und bringen Sie Ihren Schützling zur Ruhe. Da er von klein auf gelernt hat, dass Nutzvieh tabu ist, sollte es ihm nicht schwerfallen, sich zurückzunehmen.

Rabenvögel fühlen sich sicher

Schwieriger wird es natürlich, wenn es sich um »echtes« Wild handelt, wie zum Beispiel Rabenvögel. Rabenvögel fühlen sich bei uns im Allgäu sehr wohl, sind frech und ohne Scheu. Beste Voraussetzungen also, den Hund mit Huckebein zu konfrontieren. Während Sie stehen bleiben, sollte auch Ihr Hund Ruhe bewahren und die Begegnung aushalten.

Geht Ihnen Ihr Hund trotzdem aus der Hand, werfen Sie sein Lieblingsdummy möglichst direkt zwischen Hund und Krähe. Allein diese positive Ablenkung verschafft Ihnen den Vorteil, kurz auf Ihren Hund einzuwirken und ihn zum Apportieren zu motivieren. Ihr Hund soll lernen, dass es Wichtigeres als Krähenjagen gibt und er sich weiter an Sie koppeln soll, anstatt seinen Jagdtrieb auszuleben.

Park-Enten

Ein hervorragendes Kontrastprogramm nach einer Entenjagd ist der Besuch des Teichs im Stadtpark, auf dem es vor Breitschnäbeln nur so wimmelt. Auch hier soll der Hund lernen, dass er sich mäßigt, sich zurücknimmt. Diese Szenerie im Stadtpark ist ja streng genommen nicht neu für ihn, schließlich haben Sie hier bereits mit ihm geübt, als er noch ein Welpe war. Jetzt allerdings sind die Voraussetzungen etwas schwieriger, schließlich hat Ihr Azubi inzwischen gelernt, dass er Enten greifen und apportieren soll, kann und darf.

Sofern Sie kein Risiko eingehen und die ganze Aufmerksamkeit der Parkbesucher auf sich ziehen wollen, leinen Sie den Hund an und gehen sie mit ihm an die Enten heran. Lassen Sie die Leine fallen und den Azubi im »Sitz« warten. Entscheiden Sie selbst, ob Sie sich von ihm entfernen (können) oder ob Sie lieber an seiner Seite bleiben. Sie kennen Ihren Hund am besten und wissen, was Sie von ihm erwarten können.

Ist er von Anfang an so auf Sie fixiert, dass er an Ihrer Seite bleibt und die Breitschnäbel nicht weiter beachtet, lassen Sie ihn unangeleint bei Fuß gehen. Aber Vorsicht! Geht das Manöver schief und verselbstständigt sich Ihr Hund und jagt den Enten hinterher, wird es bei der nächsten Ruhe-Übung im Stadtpark noch schwieriger, ihn zurückzunehmen. Schließlich hat er genau das Gegenteil gezeigt von dem, was Sie eigentlich mit ihm üben wollten. Der Hund verknüpft unter Umständen: Stadtpark ist großes Kino, hier kann ich nach Herzenslust Enten jagen, wie ich will!

Seien Sie deshalb mit Ihrem Hund keinesfalls »größenwahnsinnig«. Gehen Sie kein zu hohes Risiko ein und sichern Sie bei dem kleinsten Anzeichen, dass Ihr Hund doch davonstürmen könnte, Ihren Gefährten lieber mit der Leine ab.

Ab in den Wald!

Nicht links und rechts am Wegesrand umhersuchen oder gar eine frische Fährte anfallen, sondern einfach auf dem Weg bleiben – nur so lässt sich entspannt mit dem Hund im Wald spazieren gehen. Folgen Sie daher möglichst den Wegen, die oft von Wild gekreuzt werden. Richtig, provozieren Sie Ihren Hund! Wenn Ihr Schützling auf »Jagdbetrieb« umschalten will und sich mehr für Hase, Fuchs, Reh & Co. als für Sie interessiert, greifen Sie sofort ein, zum Beispiel über die Binärsprache. Ihr Hund soll schließlich bei Ihnen auf dem Weg bleiben, das hatte er ja schon als Welpe gelernt. Doch da er in der Zwischenzeit auf der Jagd die eine oder andere Fährte selbstständig ausgearbeitet hat, ist es jetzt natürlich schwieriger, ihn zurückzuhalten. Machen Sie ihm daher deutlich, dass er an Ihrer Seite bleiben soll.

Welpen-Einmaleins wiederholen

Eine weitere Möglichkeit: Verlieren Sie ein paar Dummys, machen Sie sich und den Weg einfach interessanter. Seien Sie kreativ und wiederholen Sie die Übungen, die Sie schon mit Ihrem Hund als Welpe absolviert haben. Schließlich soll sich Ihr Hund auf Sie konzentrieren und nicht dem Drang nachgeben, einer frischen Fährte zu folgen. Nicht jeder Tag ist Jagdtag!

Es ist übrigens sehr viel schwieriger, den Hund aus dem Modus »Jagdhund« in den des »Begleithundes« zurückzubringen als umgekehrt. Der Begleithund wird ganz schnell zum Jagdhund, da reicht bei Charly nur das Überstreifen der Signalweste – und schon ist er im »Jagdbetrieb«.

Joggen hält beide fit – und auch wenn es noch so gut nach frischen Fährten wittert, Charly muss auf dem Weg bleiben.

Stichwortverzeichnis

Literaturhinweise

Fichtlmeier, Anton; 2005: Grunderziehung für Welpen; Kosmos Verlag
Fichtlmeier, Anton und Numßen, Julia; 2011: Die Prägung des Jagdhundwelpen: Kosmos Verlag
Fichtlmeier, Anton und Numßen, Julia; 2013: Die Ausbildung des Jagdhundes; Kosmos Verlag
Numßen, Julia und Balke, Chris; 2012: Nachsuchen wie die Profis; BLV Buchverlag GmbH & Co. KG
Tabel, Uwe; 2015: Der Jagdgebrauchshund; BLV Buchverlag GmbH & Co. KG
Tabel, Uwe; 2015: Der Gebrauchshundjährling; BLV Buchverlag GmbH & Co. KG
Baatz, Manfred; 2014: Hundeausbildung für die Jagd, BLV Buchverlag GmbH & Co. KG

Bildnachweis

Numßen, Julia: 1, 8/9, 10, 13, 14, 20/21, 22, 24, 26, 30, 32, 33, 34, 35(2), 37, 38, 54, 56, 58, 60/61, 62, 63, 66, 69(4), 70(2), 73, 76, 90, 91, 92, 107, 109, 124, 125(2), 128/129, 131, 133, 135
Numßen, Sascha: 4 li, 6, 7, 28/29, 31, 39(3), 40/41, 42(2), 44(4), 46(3), 47, 48(6), 51(5), 53, 59, 65(4), 67(2), 71, 74/75, 77(4), 79(7), 80(4), 82(4), 84, 85(2), 87(5), 88(4), 89, 94/95, 96, 98(2), 99, 100, 101(4), 103, 104(3), 118, 119(3), 121(3), 126
Numßen, Franziska: 27, 108
Numßen, Robert: 122, 123(3), 136/137, 139
Fichtlmeier, Gila: 110/111, 113(6), 115(2), 117(4)
Christian von Gropper: 5(1), 131
Piktogramme: Nata-Art – shutterstock.com: Haus mit Baum; Browndogstudios – shutterstock.com: Hundehütte; Leremy – shutterstock.com: Welpenschule; Chrisdorney – shutterstock.com: extra; Kurdanfell – shutterstock.com: Wellen

Über die Autorin

Julia Numßen, Jahrgang 1968, ist in Schleswig-Holstein aufgewachsen und geht seit ihrem 16. Lebensjahr auf die Jagd. Die gelernte Fotografin und Redakteurin schreibt seit vielen Jahren für renommierte deutsche Jagdzeitschriften. Sie hat bereits mehrere Fachbücher als Mitautorin zur Hundeausbildung veröffentlicht und führt derzeit eine Magyar Vizsla Hündin. In den Jahren davor hat sie Foxterrier und Cocker-Spaniel ausgebildet. Julia Numßen ist verheiratet und hat zwei inzwischen erwachsene Kinder. Sie lebt mit ihrem Mann in Ungarn am Balaton.

Impressum

Umschlagkonzeption und -gestaltung: BLV-Verlag
Umschlagfotos:
Vorderseite: Sascha Numßen
Rückseite: Julia Numßen (links), Sascha Numßen (rechts und Mitte)
Lektorat: Gerhard Seilmeier
Herstellung: Ruth Bost
Layout/DTP: Uhl + Massopust, Aalen
Druck und Bindung: Livonia Print, Lettland

Gedruckt auf chlorfrei gebleichtem Papier

ISBN 978-3-8354-1520-1
5. Auflage 2025

Hinweis
Das vorliegende Buch wurde sorgfältig erarbeitet. Dennoch erfolgen alle Angaben ohne Gewähr. Weder Autorin noch Verlag können für eventuelle Nachteile oder Schäden, die aus den im Buch vorgestellten Informationen resultieren, eine Haftung übernehmen.